W0261034

Herbert Bartsch

Die systematische Nomenklatur organischer Arzneistoffe

SpringerWienNewYork

Univ.-Prof. Dr. Herbert Bartsch
Institut für Pharmazeutische Chemie, Pharmaziezentrum,
Wien, Österreich

Satz: Reproduktionsfertige Vorlage des Autors

Graphisches Konzept: Ecke Bonk

Gedruckt auf säurefreiem, chlorfrei gebleichtem Papier – TCF
SPIN: 10655996

ISBN-13: 978-3-211-83122-9   e-ISBN-13: 978-3-7091-7512-5
DOI: 10.1007/978-3-7091-7512-5

Vorwort

Dieses Buch soll sich ganz bewußt nicht in die beträchtliche Zahl von Werken einreihen [1-4], die mehr oder weniger eine Auflistung und teils interpretierende Zusammenstellung der von der **IUPAC** (International Union of **P**ure and **A**pplied **C**hemistry) erstellten Regeln zur Nomenklierung organischer Verbindungen darstellen.

Vielmehr soll durch die Aufbereitung der durch zahllose Regeln oft verwirrend erscheinenden Thematik all jenen, die sich studien- oder berufsbedingt mit der systematischen Nomenklatur von Arzneistoffen auseinandersetzen müssen, ein brauchbares Hilfsmittel für die Bewältigung der wichtigsten Nomenklaturprobleme in die Hand gegeben werden.

Es wurde in den meisten Fällen ganz bewußt darauf verzichtet, alle Nomenklaturregeln taxativ aufzulisten, sondern versucht, durch kompakte Darstellung der wichtigsten Regeln im Zusammenwirken mit insgesamt 115 exemplarischen Beispielen die Problematik der systematischen Nomenklatur von Arzneistoffen zu diskutieren. Eine Vertiefung der durch das Studium der einzelnen Kapitel erworbenen Fertigkeit soll durch die im Anhang II zusammengestellten 38 Übungsbeispiele ermöglicht werden. Um einen möglichst großen Effekt zu erzielen, sollten besonders die Übungsbeispiele aufbauend bearbeitet werden.

Als Hinweis für den Benützer sei vermerkt, daß alle in den Beispielen und Übungen wiedergegebenen Formeln von Ringsystemen den Orientierungsregeln entsprechend angeordnet sind.

Auf Grund der beabsichtigten Beschränkung ist es natürlich nicht möglich, alle anfallenden Nomenklaturprobleme zu lösen (für spezielle Problemstellungen sei auf die Literatur [1-4] verwiesen), jedoch sollte der Benützer dieses Buches imstande sein, einen Großteil der zum Arzneimittelschatz zählenden organischen Verbindungen zu nomenklieren.

Zum Aufbau und Inhalt des Buches ist zu bemerken, daß alle wichtigen Grundkörper und Nomenklatursysteme diskutiert werden, die zur systematischen Bezeichnung von Arzneistoffen benötigt werden. So werden auch die wichtigen Wirkstoffgruppen der Steroide und Prostaglandine in eigenen Kapiteln besprochen. Nicht aufgenommen wurden hingegen die Carotinoid- und Terpenkohlenwasserstoffe sowie Kohlenhydrate, da deren Bezeichnung weitestgehend mit Hilfe von Trivialnamen erfolgt.

Ich hoffe, daß es mir gelungen ist, durch das Einbringen einer langjährigen Lehrerfahrung das trockene Gebiet der systematischen Nomenklatur etwas aufgelockert zu haben, sodaß der Benützer dieses Buches sogar ein wenig Spaß an der Lösung von Nomenklaturproblemen empfinden wird.

Wien, im Jänner 1998   Herbert Bartsch

Dank

Den Dank an alle, die zum Gelingen dieses Buches beigetragen haben, abzustatten, ist nicht nur angenehme Pflicht, sondern echtes Bedürfnis. Namentlich möchte ich mich bei Frau Ass.-Prof. Dr. Hannelore Kopelent-Frank und Herrn ao. Prof. Dr. Thomas Erker für die Diskussionen und die kritische Durchsicht der verschiedenen Fassungen des Manuskripts bedanken. Frau Ing. Antonia Beran danke ich insbesondere für die Unterstützung bei der Erstellung des Manuskripts.

Mein besonderer Dank gilt jedoch meiner Tochter, Frau Mag. pharm. Regine Weinlich (geb. Bartsch), die mir aus der Sicht einer berufstätigen Pharmazeutin wertvolle Hinweise und Anregungen für eine benützerfreundliche Abfassung des Textes gegeben hat.

Inhaltsverzeichnis

1 Einleitung

1.1 Wozu ist eine systematische Nomenklatur nötig?

Um diese Frage an einem Beispiel des täglichen Lebens zu dokumentieren, möchte ich Sie, werte Leserin, werter Leser, fragen, ob Sie **Maria** kennen?

Jeder kennt wohl eine Person namens Maria, aber man wird kaum von demselben Individuum sprechen.

Wenn man nun nach **Maria Katharina SCHNEIDER** fragt, wird sich auf Grund der Präzisierung des Namens der mögliche Personenkreis bereits wesentlich eingeschränkt haben, und wenn noch die Adresse – **A-8382 Mogersdorf** (ein kleiner Ort in Österreich) – angegeben wird, kann man sicher sein, von derselben Person zu sprechen.

Eine weitere Möglichkeit, ein Individuum eindeutig zu identifizieren, besteht in der Zuweisung einer Nummer (z.B. Vers.-Nr. 3182 17 01 58).

Um die Identität einer Person eindeutig zu beschreiben, muß diese also entweder benannt (nomenkliert) oder numerisch erfaßt werden.

In ähnlicher Weise kann nun mit „chemischen Individuen" verfahren werden: Man kann die unten abgebildete Verbindung entweder mit einer **Nummer**, welche nur und ausschließlich dieser Struktur zugeordnet ist, versehen (= Chemical Abstracts Service-Nr. = CAS-Nr.), oder man hat die Möglichkeit, die Substanz mit eindeutigen **Kurzbezeichnungen** (WHO- bzw. Arzneibuchbezeichnungen) bzw. mit Hilfe einer **systematischen Nomenklatur** eindeutig zu charakterisieren.

CAS-Nr: 2058-46-0
EuAB, rINN: Oxytetracyclini hydrochloridum
ÖAB: Hydroxytetraclynum hydrochloricum
system. Nomenkl.: 4-Dimethylamino-1,4,4a,5,5a,6,11,12a-octahydro-3,5,6,10,12,-12a-hexahydroxy-6-methyl-1,11-dioxo-2-naphthacencarboxamid hydrochlorid

Da nun weder eine Nummer noch die erwähnten Kurzbezeichnungen eine Auskunft über die tatsächliche Struktur einer chemischen Verbindung geben, ist es nicht nur sinnvoll, sondern nötig, sich mit **systematischer Nomenklatur** als einziger

Möglichkeit, ein chemisches Individuum allgemeinverständlich und reproduzierbar zu beschreiben, zu befassen.

1.2 Die Entwicklung der systematischen Nomenklatur

Zu Beginn der Benennung organischer Verbindungen wurden **Trivialbezeichnungen** kreiert, die häufig von der natürlichen Quelle abgeleitet wurden und teilweise heute noch Verwendung finden: z.B. *Essigsäure* (u.a. Inhaltsstoff des Speiseessigs), *Ameisensäure* (Abwehrstoff der roten Waldameise), *Benzoesäure* (Destillationsprodukt des Benzoeharzes), *Vanillin* (Inhaltsstoff der Vanilleschote), *Weingeist* (Inhaltsstoff des Weines und von Spirituosen).

Mit zunehmender Anzahl isolierter und insbesondere synthetisierter Verbindungen etablierten sich „private" Nomenklatursysteme, die jedoch mit der Zeit zu einer Art babylonischer Sprachverwirrung führten, sodaß im Jahre 1892 in der Schweiz die „Genfer Nomenklaturkommission" tagte, die erstmals Regeln zur systematischen Bezeichnung organischer Verbindungen erarbeitete. Unter anderem führte jedoch der damals unternommene Versuch der Ausrottung von bis dahin gebräuchlichen Trivialnamen dazu, daß die Regeln insgesamt nur widerwillig angenommen wurden.

Erst 65 Jahre später wurden von der IUPAC im Jahre 1957 unter Beibehaltung vieler Trivialnamen Regeln zur systematischen Nomenklierung von Verbindungen erstellt, die unter Vermeidung der Fehler von Genf eine Reihe alternativer Benennungsmöglichkeiten erlaubt. Dieses als **IUPAC-Nomenklatur** allgemein anerkannte und im wissenschaftlichen Bereich angewandte Regelwerk bildete auch die Basis der seit 1972 eingeführten **CA-Register-Nomenklatur**, die auf Grund der Monopolstellung der CA (**Chemical Abstracts**) keine Alternativbenennungsmöglichkeiten mehr zuläßt und einen Trend zur Minimierung von Trivialnamen aufweist.

1.3 Der systematische Name

Der nach den IUPAC-Regeln gebildete systematische Name (die systematische Nomenklatur) einer Verbindung setzt sich prinzipiell aus verschiedenen Teilen zusammen, von denen die wichtigsten im Folgenden aufgelistet und auch in dem angeführten einfachen Beispiel weitestgehend enthalten sind:
1. Namensstamm (but)
2. Endung (an)
3. Suffixe (on)
4. Präfixe (chlor)
5. Affixe (di)
6. Hilfszeichen wie Locanten (2,3,4), Klammern, Bindestriche etc.

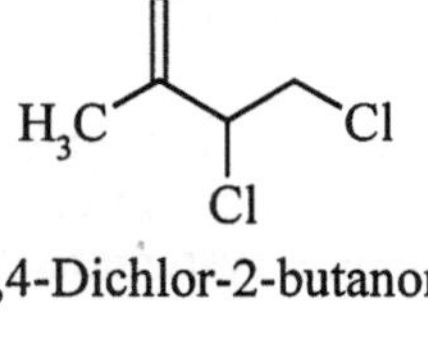

3,4-Dichlor-2-butanon

2 Acyclische Kohlenwasserstoffe

Als Einstieg in das weite Gebiet der systematischen Nomenklatur wollen wir uns zu Beginn in diesem Kapitel mit der Benennung unsubstituierter offenkettiger (acyclischer) Kohlenwasserstoffe (KW) befassen.

2.1 Unverzweigte Ketten

Zur Benennung unverzweigter Kohlenwasserstoffketten wird der **Namensstamm**, der die Anzahl der C-Atome wiedergibt (von 1 bis 4 C-Atomen werden die Stämme trivial bezeichnet, während ab 5 C-Atomen die entsprechenden griechischen Zahlworte Anwendung finden), mit einer Endung versehen, mit welcher der **Sättigungsgrad** ausgedrückt wird. Die in den drei Formelbeispielen verwendeten Namensstämme sind *kursiv* gedruckt.

Namensstamm

1 C: Meth	6 C: *Hex*	11 C: Undec	16 C: Hexadec
2 C: *Eth*	7 C: Hept	12 C: Dodec	17 C: Heptadec
3 C: *Prop*	8 C: Oct	13 C: Tridec	18 C: Octadec
4 C: But	9 C: Non	14 C: Tetradec	19 C: Nonadec
5 C: Pent	10 C: Dec	15 C: Pentadec	20 C: Eicos

Sättigungsgrad
-an (gesättigter KW)
-en (KW mit Doppelbindung)
-in (KW mit Dreifachbindung); anstelle von -in setzt sich immer mehr die Endung **-yn** durch.

H_3C-CH_3 H_3C⎓CH_2 HC≡⎓⎓CH_3

*Eth***an**   *Prop***en**   *Hex***in**

Bei mehr als einer Doppel- bzw. Dreifachbindung wird vor der jeweiligen Endung (-en oder -in) die Anzahl durch die entsprechenden Zahlworte angegeben: di (2), tri (3), tetra (4), penta (5) usw; z.B. -dien, -trien; -diin, -triin.

Die Numerierung des Grundkörpers erfolgt in der Weise, daß die Mehrfachbindung den niedrigsten Locanten (Nummer des C-Atoms, von dem die Mehrfachbindung ausgeht) erhält; bei mehreren Mehrfachbindungen wird in der Weise beziffert, daß die Mehrfachbindungen insgesamt die niedrigste Nummernfolge (d.h. das niedrigste **Set**) erhalten.

2-Penten
(nicht: 3-Penten)

4-Hexen-1-in (Set 1,4)
(nicht: 2-Hexen-5-in; Set 2,5)

Bei gleichem Set erhält die Doppelbindung den niedrigeren Locanten als die Dreifachbindung.

$$HC\!\!\equiv\!\!\underset{6\quad5}{}\!\!\underset{4}{\diagup}\!\!\underset{3}{}\!\!\underset{2}{\diagdown}\!\!\underset{1}{\diagup}CH_2$$

1-Hexen-5-in
(nicht: 5-Hexen-1-in)

2.2 Kohlenwasserstoffreste und verzweigte Ketten

2.2.1 Benennung von Kohlenwasserstoffresten

Zur Benennung von Kohlenwasserstoffresten werden an den Wortstamm des Kohlenwasserstoffs die entsprechenden **Endungen** angefügt und diese Namen als **Präfixe** in alphabetischer Ordnung vor der Stammverbindung genannt.

Endungen
-yl: für einbindige Reste
-ylen: für zweibindige Reste, deren Valenzen von verschiedenen C-Atomen ausgehen (Ausnahme: Methylen für CH_2=)
-yliden: für zweibindige Reste, deren Valenzen vom selben C-Atom ausgehen
-ylidin: für dreibindige Reste, deren Valenzen vom selben C-Atom ausgehen

Methyl	Ethylen	Ethyliden	Propylidin
$CH_3–$	$–CH_2–CH_2–$	$CH_3–CH=$	$CH_3–CH_2–C\equiv$

Die Bezifferung der Alkylreste erfolgt prinzipiell in der Weise, daß die **Radikalstelle** (das C-Atom mit der freien Valenz) den **Locanten 1** erhält.

2.2.2 Benennung verzweigter Ketten

Die **Wahl der Hauptkette** erfolgt gemäß den nachstehenden Auswahlkriterien:
1. C-Kette mit der maximalen Zahl an Mehrfachbindungen
2. längste C-Kette mit den meisten Mehrfachbindungen (wenn vorhanden)
3. längste C-Kette mit der maximalen Zahl an Doppelbindungen
4. längste C-Kette mit der maximalen Zahl an Doppelbindungen (wenn vorhanden) und den meisten Seitenketten

Wenn die Wahl der Hauptkette gemäß den genannten Auswahlkriterien getroffen ist, werden die Seitenketten als Präfixe alphabetisch geordnet dem Namen der Stammverbindung vorangestellt.

Die **Bezifferung der Hauptkette** erfolgt bei Vorhandensein von Mehrfachbindungen gemäß oben erwähnten Regeln, wenn eine gesättigte Verbindung vorliegt, in der Weise, daß die Präfixe das niedrigste Set erhalten.

Beispiel 1: Da die Verbindung keine Mehrfachbindungen enthält, kommt Kriterium 2 zum Tragen.

6-Ethyl-3-methylnonan

Beispiel 2: Die Verbindung besitzt zwei C-Ketten mit je drei Mehrfachbindungen und der gleichen Anzahl von C-Atomen (7). Daher kommt Kriterium 3 (längste Kette mit den meisten Doppelbindungen) zum Tragen. Die Stammverbindung wurde durch die Auswahlkriterien als C-7-Kohlenwasserstoff (hept) mit drei Doppelbindungen (trien) definiert. Aus phonetischen Gründen wird zwischen die beiden Konsonanten (hepttrien) ein **a** eingefügt (heptatrien). Die Bezifferung der Stammverbindung wird durch das niedrigste Set für die drei Doppelbindungen (1,3,6 und **nicht** 1,4,6) definiert. Das an C-4 substituierte *Präfix* wird gesondert beziffert (Radikalstelle 1) und mit dem dazugehörigen Locanten (*2* bezieht sich auf die Stellung der Dreifachbindung) in runde Klammer gesetzt.

4-(*2-Propinyl*)-1,3,6-heptatrien

2.2.2.1 Multiplizierende Affixe

Neben den bereits bei Mehrfachbindungen genannten Zahlworten, die auch für unsubstituierte Reste eingesetzt werden, finden Affixe Verwendung, welche die Anzahl identer subsubstituierter Reste angeben.

Idente unsubstituierte Reste: di   tri   tetra   penta   usw.
Idente subsubstituierte Reste: bis   tris   tetrakis   pentakis   usw.

Beispiel 3: In diesem Beispiel ist ein Nonan mit zwei unsubstituierten Methylresten (*di*methyl) und zwei durch Chlor weiter substituierten Methylresten [*bis*(chlormethyl)] versehen. Die alphabetische Ordnung der Reste erfolgt nach dem Anfangsbuchstaben des Einzelsubstituenten (chlormethyl vor methyl).

3,6-*Bis*(chlormethyl)-2,5-*di*methylnonan

2.3 Beibehaltene Trivialnamen

In der IUPAC-Nomenklatur werden die im Anschluß aufgelisteten Kohlenwasserstoffe und Reste trivial bezeichnet; diese Namen kommen mit Ausnahme von Vinyl- und Allyl- allerdings ausschließlich für die unsubstituierten Strukturen zur Anwendung. Eine Substitution mit funktionellen Gruppen bedingt eine systematische Bezeichnung.

Gesättigte Kohlenwasserstoffe und Kohlenwasserstoffreste

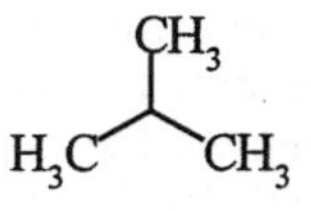

Isobutan 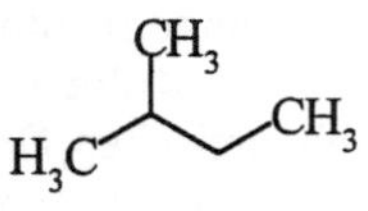   Isopentan 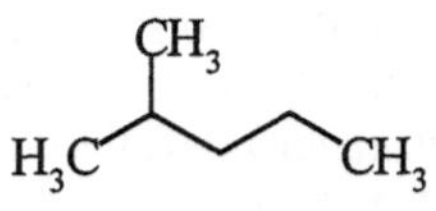   Isohexan

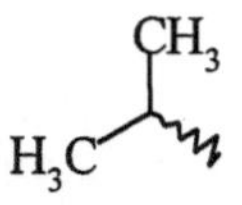

Isopropyl 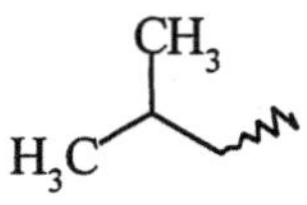   Isobutyl 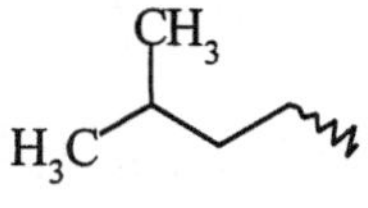   Isopentyl 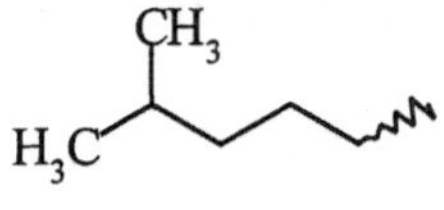   Isohexyl

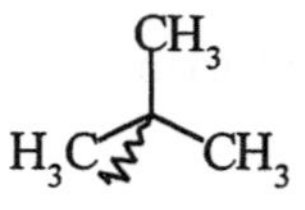

tert. Butyl 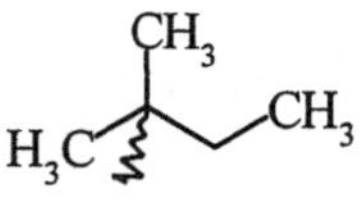   tert. Pentyl

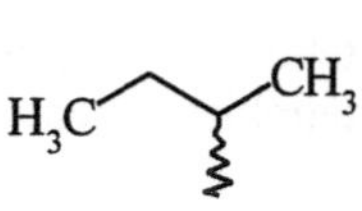

sec. Butyl 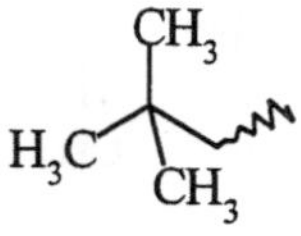   Neopentan (-yl)

Ungesättigte Kohlenwasserstoffe und Kohlenwasserstoffreste

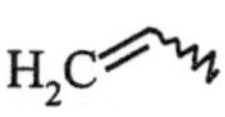

Vinyl 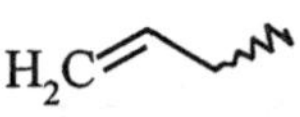   Allyl 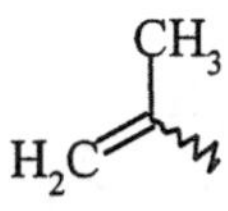   Isopropenyl 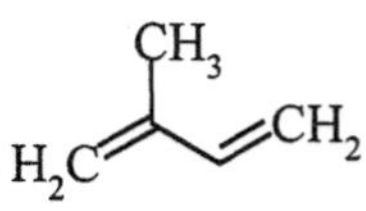   Isopren

Übung 1: siehe Anhang II

3 Monocyclische Kohlenwasserstoffe

Bei monocyclischen Kohlenwasserstoffen unterscheiden wir einerseits Verbindungen, welchen der gesättigte Carbocyclus zugrundeliegt und bei denen die Mehrfachbindungen durch die entsprechenden Endungen wiedergegeben werden, sowie andererseits solche, die sich vom ungesättigten Grundkörper Benzol ableiten.

3.1 Nicht aromatische Carbocyclen und ihre Reste

Zur Benennung nicht aromatischer Carbocyclen wird dem zugrundeliegenden Kohlenwasserstoff das Präfix **Cyclo-** vorangestellt. Die Endung gibt, wie bei den acyclischen Kohlenwasserstoffen, den Sättigungsgrad an. Auch die Bezifferung erfolgt gemäß den bereits angeführten Regeln:
– Mehrfachbindungen möglichst niedrig;
– bei gleichem Set Doppelbindungen vor Dreifachbindungen (auf Grund des Bindungswinkels von 180° nur bei großen Ringen möglich).

Beispiel 4:
Kohlenwasserstoff mit 5 C-Atomen

Beispiel 5:
Kohlenwasserstoff mit 6 C-Atomen und 2 Doppelbindungen von C-1 und C-3

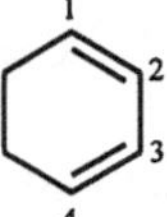

Cyclopentan

1,3-Cyclohexadien

Das Präfix **Cyclo-** ist ein Beispiel einer bestimmten Art von Vorsilben, welche als **„nicht loslösbar"** bezeichnet werden und somit einen fixen Bestandteil des Grundkörpers bilden.
Wir unterscheiden somit **zwei Arten von Vorsilben:**
– dem Grundkörper alphabetisch vorangestellte Vorsilben (z.B. Alkylreste);
– Vorsilben, die als Bestandteil des Grundkörpers betrachtet werden.
   Nicht loslösbare Silben:
– ringbildende: cyclo, bicyclo, tricyclo, spiro
– ringaufbrechende: seco
– die Ringgröße verändernde: nor, homo
– die Verschmelzung von zwei oder mehr Ringen anzeigende: benzo, imidazo, pyrido, cyclopenta usw.
– in Ringen oder Ketten C-Atome ersetzende: aza, oxa, thia usw.
– die Stellung von Ring- oder Kettengliedern verändernde: iso, sec, tert
– indizierter Wasserstoff
– brückenbildende: ethano, epoxy usw.

Die Vorsilbe hydro-, welche gemäß IUPAC wahlweise als loslösbar und nicht loslösbar eingestuft werden kann, sollte ausschließlich als normales, alphabetisch zu ordnendes Präfix Verwendung finden.

Die **Reste** der nichtaromatischen Carbocyclen werden gemäß den Regeln für acyclische Kohlenwasserstoffe bezeichnet. Die Radikalstelle erhält die Ziffer 1, d.h., sie besitzt Priorität gegenüber Mehrfachbindungen.

3.2 Aromatische Carbocyclen und ihre Reste

Die monocyclischen aromatischen Carbocyclen werden systematisch als **substituierte Benzole** bezeichnet. Die Positionen der Substituenten werden durch Locanten definiert. Bei disubstituierten Benzolen sind für die Stellungen 1,2-, 1,3- und 1,4- nach wie vor die Bezeichnungen *o-* (*ortho*), *m-* (*meta*) und *p-* (*para*) in Gebrauch.

Bei der Bezifferung von **Resten** besitzen die Radikalstellen Vorrang vor den Substituenten.

Im Folgenden werden die wichtigsten Vertreter der mit **Trivialnamen** bezeichneten aromatischen Monocyclen und Reste angeführt (die in Klammer gesetzten Locanten beziehen sich auf die jeweils abgebildeten Isomeren; so sind z.B. natürlich auch die isomeren o- und p-Xylole trivial bezeichnete Verbindungen):

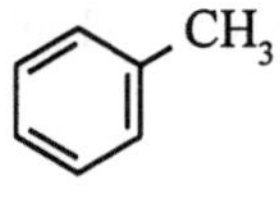

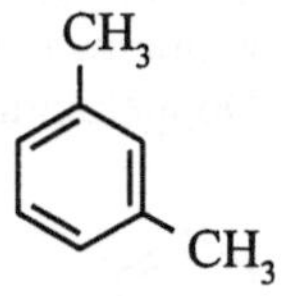

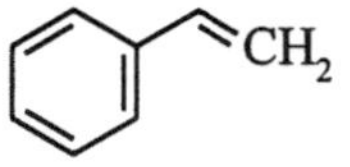

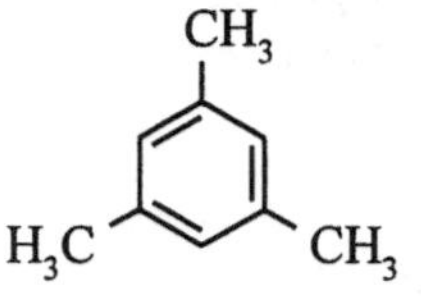

Benzol	Toluol	(m)-Xylol	Styrol	Mesitylen

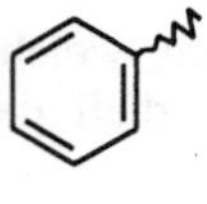

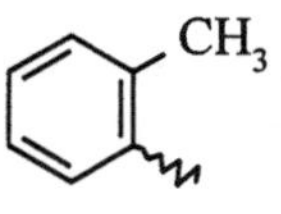

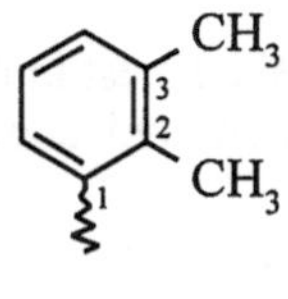

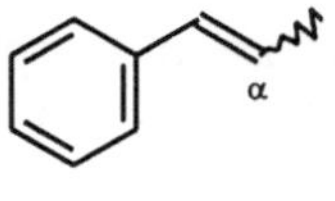

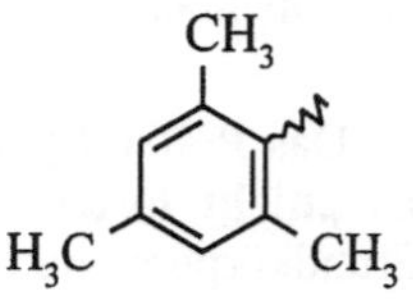

Phenyl	(o)-Tolyl	(2,3)-Xylyl	Styryl	Mesityl

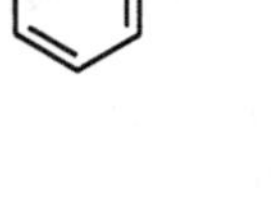

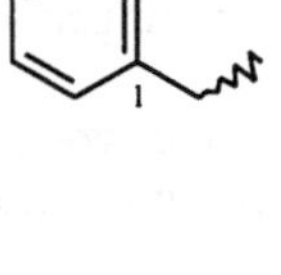

(p)-Phenylen	Benzyl	(2)-Methylbenzyl

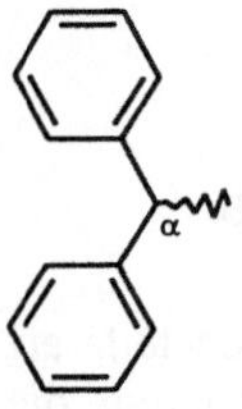

Benzhydryl 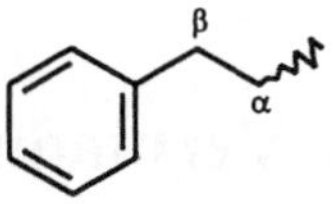   Phenethyl 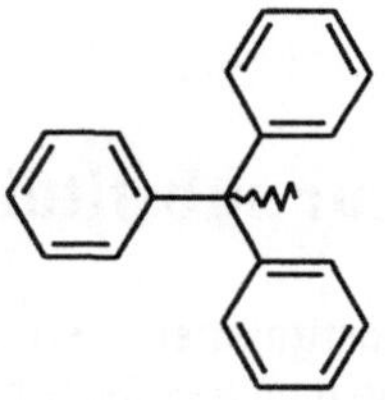   Trityl 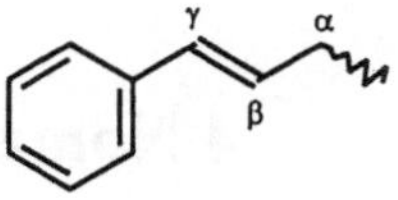   Cinnamyl

Zur Unterscheidung der Positionierung eines Substituenten am Ring oder in der Seitenkette werden die Atome der Kette mit griechischen Kleinbuchstaben gekennzeichnet.

Übung 2: siehe Anhang II

4 Nomenklatur substituierter Verbindungen

Zur Nomenklierung von substituierten Verbindungen stehen mehrere, sich teils ergänzende, teils als Alternativen anwendbare Nomenklatursysteme zur Verfügung, die im Folgenden aufgelistet sind.
– substitutive Nomenklatur
– radikofunktionelle Nomenklatur
– additive Nomenklatur
– substraktive Nomenklatur
– konjunktive Nomenklatur
– Austausch-Nomenklatur („a"-Nomenklatur)
– Nomenklatur von Verbänden aus gleichen Einheiten, die über bi- oder multivalente Radikale verknüpft sind

4.1 Substitutive Nomenklatur

Die substitutive Nomenklatur stellt wohl das wichtigste Nomenklatursystem zur Benennung funktionalisierter Verbindungen dar und zeichnet sich dadurch aus, daß der Ersatz (die Substitution) von Wasserstoff-Atomen in Stammverbindungen durch charakteristische (funktionelle) Gruppen nomenklatorisch wiedergegeben wird.

4.1.1 Charakteristische Gruppen

Man unterscheidet prinzipiell **zwei Arten von charakteristischen Gruppen**; solche, die ausschließlich **als Präfixe**, und andere, die **als Suffixe oder Präfixe** bezeichnet werden.

4.1.1.1 Charakteristische Gruppen, die nur als Präfixe bezeichnet werden

Die nachstehend aufgelisteten charakteristischen Gruppen werden ausschließlich als Präfixe bezeichnet und der Stammverbindung in alphabetischer Reihenfolge vorangestellt.

Die folgende Aufstellung stellt eine Auswahl der wichtigsten Gruppen und ihrer Präfixe dar, von denen die in Arzneistoffen häufig vorkommenden fett hervorgehoben sind.

Charakteristische Gruppe	Präfix
$-N_3$	Azido-
-Br	**Brom-**
-Cl	**Chlor-**
$=N_2$	Diazo-
-F	**Fluor-**
-I	**Iod-**

–NO₂	**Nitro-**
–NO	**Nitroso-**
RO–	**Alkoxy-***
RS–	**Alkylthio-**

* Bei der Bezeichnung von „Alkyloxyresten" (RO-) wird die Endung *-yl* des Alkyl-
restes weggelassen, sodaß z.B. ein CH_3O-Rest nicht Meth*yl*oxy-, sondern Methoxy-
benannt wird.

Die Bezifferung erfolgt in der Weise, daß die Präfixe insgesamt das niedrigst-
mögliche Set erhalten (*Beispiel 6*), bei gleichem Set jedoch das alphabetisch erstge-
ordnete Präfix mit dem niedrigsten Locanten versehen wird (*Beispiel 7*).

Beispiel 6:   *Beispiel 7*:

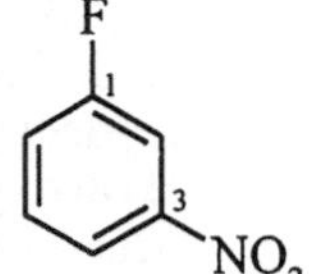

4-Brom-2-chlorhexan   1-Fluor-3-nitrobenzol

4.1.1.2 Charakteristische Gruppen, die als Suffixe oder Präfixe bezeichnet werden

Verbindungen, die charakteristische Gruppen enthalten, welche als Suffix oder als
Präfix benannt werden können, werden in der Weise nomenkliert, daß die **ranghöchste Gruppe als Suffix** bezeichnet werden muß (sie definiert auch die **Verbindungsklasse**), während alle anderen funktionellen Gruppen als Präfixe der Stammverbindung in alphabetischer Reihung vorangestellt werden.

Die folgende Aufstellung gibt eine Auswahl von Verbindungsklassen und ihren
charakteristischen Gruppen, die als Suffix oder Präfix zu benennen sind, nach abstei-
gender Priorität (als Suffix) geordnet wieder. Auch hier sind die für die Benennung
von Arzneistoffen besonders relevanten Nomenklaturelemente fett hervorgehoben.

Verbindungsklasse	Gruppe	Präfix	Suffix
Kationen	$-N^+R_3$	ammonio-	-ammonium
Carbonsäuren	**–COOH**	**Carboxy-**	**-carbonsäure**
	–(C)OOH*		-säure
Sulfonsäuren	**–SO₃H**	**Sulfo-**	**-sulfonsäure**
Salze	–COOM		Metall....carboxylat
	–(C)OOM*		Metall....oat
Ester	**–COOR**	**R-oxycarbonyl-**	**R....carboxylat**
			(-carbonsäure-R-ester)
	–(C)OOR*		**R....oat**
			(-säure-R-ester)
Säurehalogenide	–COX	Halogenformyl-	-carbonylhalogenid
	–(C)OX*		-oylhalogenid
Amide	**–CONH₂**	**Carbamoyl-**	**-carboxamid**

Verbindungsklasse	Gruppe	Präfix	Suffix
	$-(C)ONH_2$*		**-amid**
Amidine	$-C(=NH)NH_2$	Amidino-	-carboxamidin
	$-(C)(=NH)NH_2$*		-amidin
Sulfonsäureamid	$-SO_2NH_2$	**Sulfamoyl-**	**-sulfonamid**
Nitrile	**–CN**	**Cyano-**	**-carbonitril**
	$-(C)N$*		**-nitril**
Aldehyde	**–CHO**	**Formyl-**	**-carbaldehyd**
	$-(C)HO$*	**Oxo-**	**-al**
Thioaldehyde	–CHS	Thioformyl-	-carbothialdehyd
	$-(C)HS$*	Thioxo-	-thial
Ketone	$>(C)=O$*	**Oxo-**	**-on**
Thioketone	$>(C)=S$*	Thioxo-	-thion
Acetale	$>(C)(OR)_2$*	Di(Alkoxy)	-al(-on)di-R-acetal
Oxime	$>(C)=NOH$*	Hydroximino	-al(-on)oxim
Alkohole	**–OH**	**Hydroxy-**	**-ol**
Phenole	**–OH**	**Hydroxy-**	**-ol**
Thiole	**–SH**	**Mercapto-**	**-thiol**
Amine	$-NH_2$	**Amino-**	**-amin**
Imine	=NH	Imino-	-imin

* Die in Klammern stehenden C-Atome gehören zur Stammverbindung und nicht zum Suffix oder Präfix.

Damit stehen für Carbonsäuren und ihre Derivate sowie für Aldehyde zwei Suffixe zur Verfügung, die folgendermaßen zur Anwendung kommen:

Prinzipiell soll die Stammverbindung möglichst viele C-Atome umfassen, d.h. auch das C-Atom der funktionellen Gruppe. Das ist in *Beispiel 8*, in dem die Stammverbindung 5 C-Atome besitzt und das C-1 als Carbonsäurefunktion ausgebildet ist, der Fall. Da die gesamte C-Anzahl bereits mit dem Namen Pentan erfaßt ist, wird mit dem entsprechenden Suffix (-säure) nur mehr die Funktionalität ausgedrückt. In *Beispiel 9*, in welchem ein Cyclohexanring die Stammverbindung darstellt, kann das C-Atom der Carboxylfunktion **nicht** in den Grundkörper integriert werden, sodaß dieses C-Atom mit dem Suffix (-carbonsäure) mitgenannt werden muß.

Beispiel 8:

Beispiel 9:

H₃C   COOH

COOH

Pentansäure

Cyclohexancarbonsäure

4.1.2 Anleitung zur Namenskonstruktion substituierter Verbindungen

Zur Konstruktion der Nomenklatur substituierter Verbindungen wird prinzipiell nach den folgenden Punkten vorgegangen:

1. Suche nach der Hauptgruppe (Suffix)

2. Eruieren des Stamms (er ist, unabhängig von seiner Größe, der Teil der Verbindung, der das Suffix trägt)
3. Benennung des Stamms und des Suffixes
4. Der verbleibende Rest der Verbindung sind Präfixsubstituenten
5. Bezifferung der Verbindung (des Stamms) in der Weise, daß das Suffix unter Berücksichtigung spezifischer Bezifferungsregeln (s. Kap. 5 f.) den niedrigstmöglichen Locanten erhält
6. Alphabetische Reihung der Präfixe vor der Stammverbindung

Diese Vorgangsweise soll an 2 Beispielen erläutert werden.

Beispiel 10: Die längste C-Kette, die das Suffix **-on** trägt ist Heptan. Daraus ergibt sich für die Benennung des Stamms mit dem Suffix die Bezeichnung **Heptanon**. Da das Suffix den niedrigstmöglichen Locanten erhalten muß, ist die 2-Position für -on und damit auch die Bezifferung für die alphabetisch zu ordnenden Präfixe Brom- (7) und methyl- (4) gegeben.

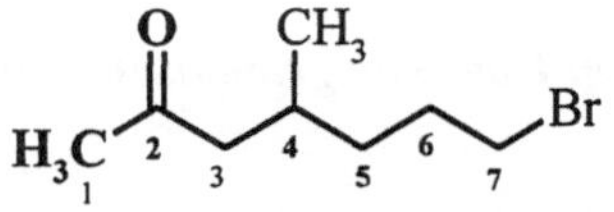

7-Brom-4-methyl-2-heptanon

Beispiel 11: Das C-Atom in der Seitenkette, welches das Suffix **-ol** trägt, erhält den Locanten 1, der als selbstverständlich in diesem Fall weggelassen werden kann. Daher stellt der Stamm mit dem Suffix ein **Ethanol** dar, welches in Position 2 einen Phenylrest trägt, der seinerseits an C-3 mit Chlor substituiert ist. Zur Unterscheidung der Stammverbindung und des Phenylrestes, die beide wegen der Substituenten durchnumeriert werden müssen, wird der Teil der Nomenklatur, der zum Phenylrest gehört, in runde Klammern gesetzt. Das bedeutet in diesem Beispiel, daß der Locant 2 (steht nicht in der Klammer) der Stammverbindung und der Locant 3 (steht mit dem Phenylring in Klammer) dem aromatischen Rest zuzuordnen sind.

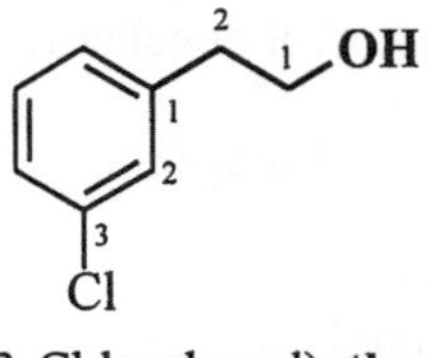

2-(3-Chlorphenyl)ethanol

4.1.3 Anleitung zur Formelkonstruktion aus einer Nomenklatur

Zur Konstruktion einer Formel aus einer mehr oder weniger komplexen Nomenklatur wird der gesamte Klammerausdruck von außen aufgelöst. Auch hier ist darauf zu achten, daß die Locanten den entsprechenden Nomenklaturteilen zugeordnet werden. Um dies besser zu verdeutlichen, werden im folgenden Beispiel die einzelnen Teile verschieden gekennzeichnet (**<u>fett/unterstrichen</u>**, **fett**, normal, *kursiv*).

Beispiel 12: Das **Ethanol**, welches die Stammverbindung mit Suffix darstellt, ist in **2**-Position durch **ethoxy**- substituiert, das wiederum in **2** einen 1-Piperazinylrest trägt. Dieser Heterocyclus (Näheres im Kap. 6.2) trägt in 4 ein *methyl*, welches durch zwei *4-Chlorphenyl*reste (da es sich um zwei subsubstituierte Reste handelt „*bis*") substituiert ist.

2-[2-[4-[*Bis(4-chlorphenyl)methyl*]-1-piperazinyl]**ethoxy**]**ethanol**

Übungen 3-9 und alle weiteren Übungen gemeinsam mit der Thematik des jeweiligen Kapitels: siehe Anhang II

4.2 Radikofunktionelle Nomenklatur

Die radikofunktionelle Nomenklatur weist wenige Vorteile gegenüber der eben besprochenen substitutiven Nomenklatur auf, wird aber von der IUPAC als alternative Benennungsmöglichkeit zugelassen. In den Chemical Abstracts wird sie jedoch nicht mehr verwendet.

Die Namensbildung erfolgt in der Weise, daß die ranghöchste funktionelle Gruppe (radikofunktioneller Klassenname) als Verbindungsname gewählt und das Alkylradikal als Präfix genannt wird.

In der Folge werden die wichtigsten radikofunktionellen Klassennamen nach abfallender Priorität wiedergegeben.

Funktionelle Gruppe	Radikofunktioneller Klassenname	
RC(O)X	(Säure-)Halogenid	F>Cl>Br>I
–CN	Cyanid	
>C(O)	Keton	
–OH	Alkohol	
–NH$_2$	Amin	
–O–	Ether	
–S–	Sulfid	
–X	Halogenid	F>Cl>Br>I

Als Beispiele, die auch zeigen, daß dieses Nomenklatursystem vor allem noch im „Laborjargon" Verwendung findet, sollen ein Keton, ein Alkohol, ein Ether und zwei Halogenide radikofunktionell (rf) und zum Vergleich auch substitutiv (s) bezeichnet werden.

Beispiel 13:

rf: Ethylmethylketon   s: 2-Butanon

Beispiel 14:

rf: Isopropylalkohol   s: 2-Propanol

Beispiel 15:

rf: Diethylether   s: Ethoxyethan

Beispiel 16:

CH_3I
rf: Methyliodid   s: Iodmethan

Beispiel 17:

CH_2Cl_2
rf: Methylenchlorid   s: Dichlormethan

Übungen 8-9 und 11: siehe Anhang II

4.3 Additive Nomenklatur

Die additive Nomenklatur findet dann Anwendung, wenn eine „Addition" von Atomen oder Atomgruppen an eine Verbindung erfolgt, die addierten Teile aber mit der substitutiven Nomenklatur dieses Körpers nicht erfaßt werden können.

Dies wird durch entsprechende Nomenklaturelemente angegeben.

Hydrierung: Addition von Wasserstoff (H_2) an ungesättigte Ringverbindungen durch das Präfix -**hydro** mit dem entsprechenden **geradzahligen multiplizierenden Affix** (da pro Doppelbindung immer zwei Wasserstoffe addiert werden, gibt es nur -dihydro, -tetrahydro usw.).

Beispiel 18: Das hier zugrundeliegende Ringsystem mit zwei maximal ungesättigten Ringen wird Naphthalin genannt (s. Kap. 5.1). Die formale Wegnahme der „Doppelbindung" in Position 1 und 2 durch „Addition von H_2" wird durch das Präfix „dihydro" ausgedrückt.

1,2-Dihydronaphthalin

Oxide: Addition von Sauerstoff (O) an Stickstoff oder Schwefel besonders in Heterocyclen durch Anfügen des Wortes **Oxid** am Ende der Stammverbindung.

Beispiel 19: Das in diesem Beispiel angeführte Ringsystem wird Pyridin genannt (s. Kap. 6.2) und ist mit einer Carboxylgruppe als Suffix substituiert. Der Sauerstoff am Ringstickstoff kann durch die substitutive Nomenklatur nicht erfaßt werden und muß daher mit dem additiven Nomenklaturelement „oxid" benannt werden.

2-Pyridincarbonsäure 1-oxid

Ringerweiterung bei Steroiden: Addition einer CH_2-Einheit in einem Ring durch die nicht loslösbare Silbe **homo-** (s. *Beispiel 109* in Kap. 11).

Ringöffnung bei Steroiden: Öffnung eines Carbocyclus durch formale Addition von H_2 durch die nicht loslösbare Silbe **seco-** (s. *Beispiel 110* in Kap. 11).

Übungen 10, 17 und 23: siehe Anhang II

4.4 Subtraktive Nomenklatur

Die subtraktive Nomenklatur gibt die „Entfernung" von Atomen oder Atomgruppen wieder und findet vor allem bei der Nomenklierung von Naturstoffen Anwendung, da mit Hilfe dieses Nomenklatursystems die als Basis verwendeten Trivialnamen beibehalten werden können.

Wie bei der additiven Nomenklatur wird auch hier die Subtraktion von Teilen einer Verbindung durch verschiedene Nomenklaturelemente ausgedrückt.

Subtraktion einer Gruppe: Ganz allgemein wird das Abziehen einer Gruppe durch die Silbe **de-** gekennzeichnet, der die Bezeichnung der Gruppe nachfolgt:
– Subtraktion einer **Methylgruppe**: **demethyl-**
– Subtraktion von **Wasserstoff** (H_2): **dehydro-** (mit vorangestelltem di-, tetra- usw.)
– Subtraktion einer **Hydroxygruppe**: **de(s)oxy-** (in der Zuckernomenklatur)
– Subtraktion von **Wasser**: **anhydro-** (in der Zuckernomenklatur)

Ringverengung bei Steroiden: Subtraktion einer CH_2-Gruppe in einem Carbocyclus durch die nicht loslösbare Silbe **nor-** (s. *Beispiel 109* in Kap. 11).

4.5 Konjunktive Nomenklatur

Die konjunktive Nomenklatur stellt für bestimmte Strukturen eine Ergänzung und Alternative zur substitutiven Nomenklatur dar und wird für diese Verbindungen von Chemical Abstracts ausschließlich verwendet.

Die Voraussetzung zur Anwendung der konjunktiven Nomenklatur ist dann gegeben, wenn **am Beginn einer C-Kette ein Suffix** (Carbonsäure, Aldehyd, Alkohol, Amin) und **am Ende dieser ein Ringsystem** angebunden ist.

Die Nomenklierung erfolgt in der Weise, daß die unveränderten Namen des Ringsystems und der C-Kette inklusive dem Suffix miteinander verbunden (conjugare = verbinden) werden. Zur Unterscheidung der Stellung eines Substituenten in der C-Kette bzw. im Ringsystem wird die Kette mit griechischen Kleinbuchstaben – beginnend neben dem Suffix – und das cyclische System mit Ziffern versehen.

Dieses Nomenklatursystem soll ebenfalls an Hand einiger Beispiele erläutert und der substitutiven Nomenklatur gegenüber gestellt werden.

Beispiel 20: Da das Suffix (-ol) und das Ringsystem (Benzol) jeweils am Anfang bzw. Ende der Kohlenstoffkette (Propan) stehen, erübrigt sich im Gegensatz zur substitutiven Nomenklatur die Angabe von Locanten.

konjunktiv (k): Benzolpropanol
substitutiv (s): 3-Phenyl-1-propanol

Beispiel 21: In diesem Beispiel ist der konjunktiv bezeichnete Grundkörper verstärkt hervorgehoben (nur **Benzolethanol**, da Suffix und Ring am Anfang und Ende der Kette stehen müssen); in der substitutiven Nomenklatur ist jedoch die längste Kette, die das Suffix trägt, zu wählen (Propan). Die Numerierung dafür ist in Klammern gesetzt.

k: 2-Chlor-α-methylbenzolethanol
s: 1-(2-Chlorphenyl)-2-propanol

Beispiel 22: In diesem Beispiel wird gezeigt, daß die konjunktive Nomenklatur besonders bei Verbindungen mit identen Ketten, welche die Suffixe tragen, Vorteile besitzt. Während hier nur die Positionen am Naphthalin anzugeben sind, kann substitutiv nur eine Kette als Hauptkette benannt werden, sodaß der Ring **und** der Substituent an C-3 als Präfixe bezeichnet werden müssen.

k: 2,3-Naphthalindiethanol
s: 2-[3-(2-Hydroxyethyl)-2-naphthyl]ethanol

4.6 Austauschnomenklatur („a"-Nomenklatur)

Die Austauschnomenklatur wird dann angewandt, wenn ein oder mehrere C-Atome in einer Kette oder einem Ring gegen Heteroatome ersetzt sind.

In Ketten sollte diese Nomenklatur nur Anwendung finden, wenn sich andere Nomenklatursysteme (besonders die substitutive Nomenklatur) schlecht zur Benennung eignen.

Bei Ringen wird sie als Teil des Hantzsch-Widman-Systems und bei einer Ringgliederanzahl ab zehn Atomen verwendet (s. Kap. 6.1.1 und 6.1.2).

Als Basis der Austauschnomenklatur dienen die „a"-Terme, von denen eine Auswahl in fallender Rangordnung unten angeführt ist (die drei für die Nomenklierung von Arzneistoffen wichtigsten sind **fett** hervorgehoben).

Element	„a"-Term
O	**Oxa**
S	**Thia**
Se	Selena
N	**Aza**
P	Phospha
As	Arsa
Si	Sila
B	Bora
Hg	Mercura

Die „a"-Terme, welche zu der Gruppe der nicht loslösbaren Silben gehören, werden nicht alphabetisch geordnet, sondern in der oben angegebenen Reihung vor der Stammverbindung genannt. Vorrang hat gemäß dem Periodensystem der Elemente die niedrigere Ordnungszahl vor der höheren Ordnungszahl in einer Gruppe (z.B. O vor S) und die höhere Gruppe vor der niedrigeren Gruppe (z.B. S vor N).

Für geladene Heteroatome stehen ebenfalls „a"-Terme zur Verfügung (z.B. für N^+ „Azonia"), die unmittelbar hinter den entsprechenden ungeladenen „a"-Termen genannt werden.

Beispiel 23: Die Kette wird wie eine Kohlenstoffkette durchnumeriert (Undecan) und die Heteroatome in Position 6 und 9 als „a"-Terme bezeichnet. Die Hydroxygruppe an C-11 wird, da der Sauerstoff nicht mehr innerhalb der C-Kette steht, als Präfix benannt. Substitutiv stellt die Verbindung eine Pentansäure dar, die am C-5 durch den relativ komplexen Klammerausdruck substituiert ist (die Locanten für die substitutive Nomenklatur sind in Klammern gesetzt).

„a"-Nom.: 11-Hydroxy-9-oxa-6-azaundecansäure
s: 5-[2-(2-Hydroxyethoxy)ethylamino]pentansäure

Übung 12: siehe Anhang II

4.7 Nomenklatur von Verbänden aus gleichen Einheiten, die über bi- oder multivalente Radikale verknüpft sind

Dieser Spezialfall der substitutiven Nomenklatur erlaubt die Bezeichnung von Verbindungen, bei denen gleiche Einheiten, welche das Suffix tragen, über bi- oder multivalente Radikale miteinander verknüpft sind.

Die wichtigsten bi- und trivalenten Radikale sind nachfolgend in alphabetischer Reihung aufgelistet.

Azo	$-N=N-$	Nitrilo	$-N<$
Carbonyl	$-CO-$	Oxy	$-O-$
Dioxy	$-O-O-$	Phenylen	$-C_6H_4-$
Dithio	$-S-S-$	Sulfinyl	$-SO-$
Hydrazo	$-NH-NH-$	Sulfonyl	$-SO_2-$
Imino	$-NH-$	Thio	$-S-$
Methylen	$-CH_2-$	Ureylen	$-NH-CO-NH-$
Methylendioxy	$-O-CH_2-O-$		(= Carbonyldiimino)

Die Nomenklatur setzt sich nun aus den folgenden Komponenten zusammen, die zur besseren Identifizierung in der Auflistung und in den Beispielen verschieden gekennzeichnet sind:
– *Locanten für die Substitutionsposition des Radikals an der Stammverbindung*
– Name des Radikals
– **multipliziertes Affix**
– <u>**Name der Stammverbindung mit dem Suffix**</u>

Prinzipiell empfiehlt sich hier die Nomenklierung von innen nach außen, d.h., man beginnt mit der Bezeichnung des multivalenten Radikals und geht dann weiter über die Verknüpfung zur Stammverbindung.

Beispiel 24: Das bivalente Radikal Thio- ist mit zwei Propionsäureeinheiten in Position 3 verbunden.

HOOC⌒⌒S⌒⌒COOH

3,3'-Thio**dipropionsäure**

Beispiel 25: In diesem Beispiel ist das bivalente Radikal zusammengesetzt, da dem Methylen- zwei Oxyradikale folgen, die an zwei Benzoesäuren in Position 4 substituiert sind.

4,4' -Methylendioxy**dibenzoesäure**

Beispiel 26: Auch dieses Radikal ist zusammengesetzt. Ein Oxy- ist durch zwei Ethylenradikale und diese wiederum durch zwei Stickstoffradikale substituiert. An den Stickstoffen befinden sich je zwei Propionsäuren, sodaß der Stickstoff als trivalentes Nitriloradikal zu bezeichnen ist.

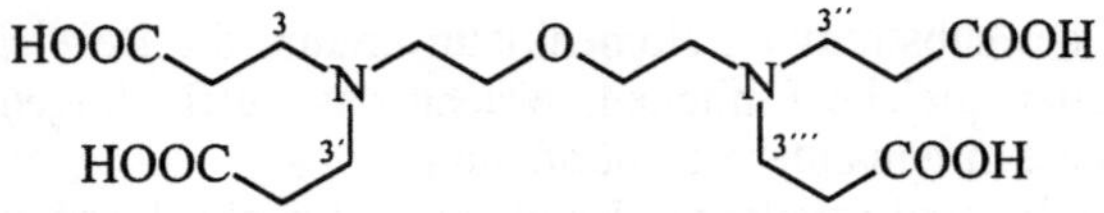

$$3,3',3'',3''' \text{ -Oxybis(ethylennitrilo)}\textbf{tetra}\underline{\textbf{propionsäure}}$$

Übung 12: siehe Anhang II

5 Anellierte (kondensierte) Kohlenwasserstoffe

Unter anellierten bzw. kondensierten Kohlenwasserstoffen versteht man Carbocyclen, die mindestens zwei weitgehend ungesättigte Ringe mit mindestens zwei gemeinsamen C-Atomen aufweisen.

Die Endung **-en** (manche Trivialnamen, wie z.B. Naphthalin, tragen in der deutschen Bezeichnung die Endung **-in**) steht für die maximale Anzahl nicht kumulierter Doppelbindungen, sodaß diese Verbindungen als **mankud** (nicht alle Strukturen besitzen aromatischen Charakter) bezeichnet werden können.

Als Basis für die Nomenklierung der anellierten Kohlenwasserstoffe dient eine Reihe von **Trivialnamen**, von denen die für die systematische Bezeichnung von Arzneistoffen wichtigsten im Folgenden aufgelistet sind. Die wiedergegebene Liste ist nach steigender Priorität (d.h., Azulen besitzt z.B. eine höhere Priorität als Naphthalin), die bei der Bildung sogenannter Anellierungsnamen eine wichtige Rolle spielt, geordnet.

5.1 Trivialnamen

1. Inden

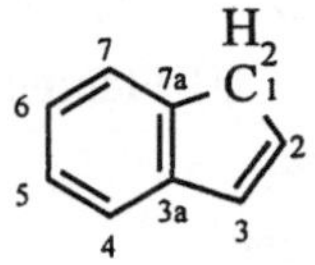

2. Naphthalin

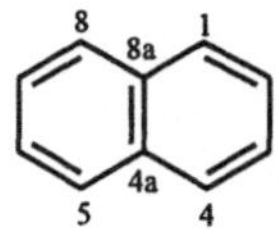

3. Azulen

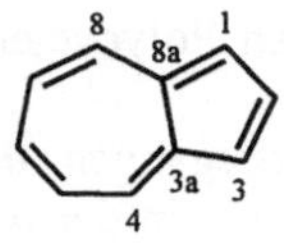

4. Heptalen

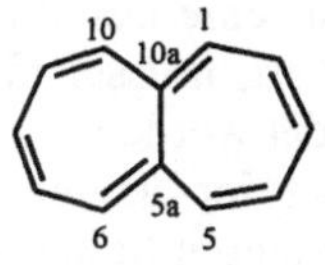

5. Fluoren

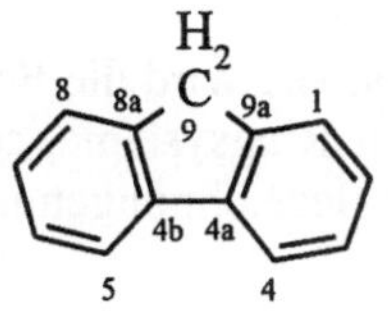

6. Phenanthren*

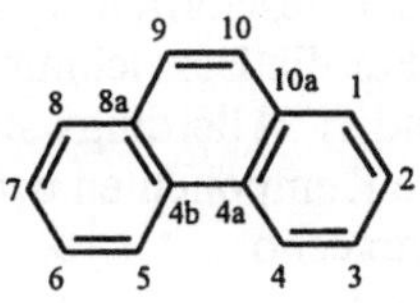

7. Anthracen*

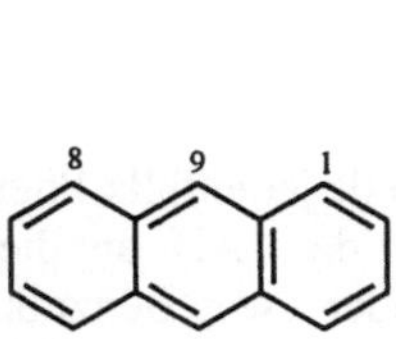

8. Pyren

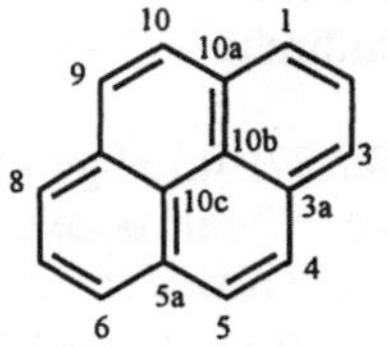

9. Chrysen

10. Naphthacen

11. Pentacen

* Unsystematische Numerierung, die aber beibehalten wird !!!

In den genannten Ringsystemen Inden und Fluoren sind das C-1 bzw. C-9 an keiner Doppelbindung beteiligt und tragen ein zusätzliches Wasserstoffatom, welches „indizierter Wasserstoff" (indicare = ansagen) genannt wird. Die Trivialnamen Inden bzw. Fluoren inkludieren die Stellung der indizierten Wasserstoffe in 1- bzw. 9-Position. Im Fall der Doppelbindungsisomerie muß die Stellung des indizierten Wasserstoffs jedoch angegeben werden.

4H-Inden

1H-Fluoren

5.2 Anellierungsnamen

Da nur eine beschränkte Anzahl von kondensierten Systemen mit Trivialnamen benannt ist, müssen für alle nicht trivial bezeichneten Polycyclen Anellierungsnamen gebildet werden.

Bei der Namensbildung wird in der Weise vorgegangen, daß die Grundkomponente eine möglichst hohe Priorität besitzen muß (d.h. in der Auflistung der Trivialname möglichst spät genannt wird), die angefügten Komponenten jedoch möglichst einfach beschaffen sein sollen.

Für die Bezeichnung der angefügten Komponente wird die Endung **-en** auf **-eno** geändert. Allerdings sind für die nachgenannten Ringsysteme, soferne sie als anellierte Komponenten benützt werden, abgekürzte Bezeichnungen in Verwendung:

Anthraceno	→	Anthra
Benzeno	→	Benzo
Naphthalino	→	Naphtho
Phenanthreno	→	Phenanthro

Beispiel 27: Im abgebildeten Fünfringsystem stellt jedenfalls Phenanthren die ranghöchste trivial bezeichnete Grundkomponente dar. Als anellierte Komponenten kommen entweder ein Naphthalin (Naphtho) oder zwei Benzolkerne (Dibenzo) in Frage. Auf Grund der oben zitierten Forderung nach größtmöglicher Einfachheit der anellierten Komponenten fällt diese Entscheidung zugunsten der beiden Benzole.

Dibenzophenanthren (nicht: Naphthophenanthren)

Für monocyclische mankude Anellierungskomponenten (außer Benzo) finden folgende Bezeichnungen Verwendung:
Cyclopropa
Cyclobuta
Cyclopenta
Cyclohepta
Cycloocta usw.

Die beiden erstgenannten Bezeichnungen werden nur in Systemen verwendet, die mehr als zwei Ringe aufweisen. Zweiringsysteme mit einem anellierten drei- oder viergliedrigen Ring werden als Bicycloverbindungen (s. Kap. 8.1) bezeichnet.

Beispiel 28: Der größere Ring wird als Basiskomponente bezeichnet, während der kleinere Ring als Anellierungskomponente genannt wird. Die Endung **-en** in dem kondensierten Ringsytem (Cyclopentacycloocten) zeigt mankuden Charakter an (im Monocyclus Cycloocten würde die Endung -en lediglich eine Doppelbindung bedeuten). Die Stellung des indizierten Wasserstoffs ist anzugeben. Die Regeln für die richtige Orientierung und damit auch die Bezifferung des Ringsystems werden in Kap. 5.2.2 erläutert.

1H-Cyclopentacycloocten

5.2.1 Unterscheidung isomerer Verbindungen

Das in *Beispiel 27* abgebildete Ringsystem wurde unvollständig nomenkliert, da keine Aussage über die Anellierungsstellen der beiden Benzolringe am Phenanthrengrundkörper getätigt wurde.

Um nun eine vollständige exakte Nomenklatur nicht trivial bezeichneter Polycyclen erstellen bzw. isomere anellierte Systeme unterscheiden zu können, werden die an der Anellierung beteiligten Ringsysteme gesondert beziffert, wobei die peripheren Seiten der Grundkomponente mit Kleinbuchstaben bezeichnet werden, und zwar die Seite zwischen C-1 und C-2 mit **a**, zwischen C-2 und C-3 mit **b** usw. Die anellierte Komponente erhält normale Locanten, d.h., sie wird mit Zahlen versehen. Die Anellierungsstelle (der Kleinbuchstabe der Seite der Grundkomponente und die beiden Nummern der Seite der anellierten Komponente), die so niedrig als möglich zu wählen ist, wird nun zwischen die Bezeichnung der anellierten Komponente und der Grundkomponente in eckige Klammer gesetzt, um damit eine Unterscheidung zur Bezifferung des Gesamtringsystems zu gewährleisten.

Beispiel 29: Das als höchstrangiges Ringsystem identifizierte Fluoren ist an seiner Seite „a" mit den Atomen C-1 und C-2 eines Indens kondensiert. Diese Angabe [1,2-a] wird zwischen Indeno und Fluoren gesetzt.

Indeno[1,2-a]fluoren

Beispiel 30: Auch dieses Ringsystem stellt ein Fluoren dar, welches an der Seite „a" mit den Atomen 1 und 2 eines Indens kondensiert ist. Allerdings ist hier in der Zählrichtung der Basiskomponente zuerst das C-2 und dann erst das C-1 des Indens verknüpft, d.h., es liegt hier das isomere Indeno[2,1-a]fluoren vor. Es müssen also immer die Atome der anellierten Komponente in der Zählrichtung der Basiskomponente angegeben werden.

Indeno[2,1-a]fluoren

5.2.2 Orientierung und Numerierung des Gesamtsystems

Bevor ein polycyclisches Ringsystem numeriert werden kann, muß es richtig orientiert werden (die bisher abgebildeten Ringsysteme sind den Orientierungsregeln entsprechend angeordnet). Dazu wird es in der Weise in ein Koordinatenkreuz gelegt, daß die unten genannten Bedingungen, die nach fallender Priorität geordnet sind, erfüllt werden:
1. möglichst viele Ringe waagrecht
2. möglichst viele Ringe im oberen rechten Quadranten
3. möglichst wenige Ringe im unteren linken Quadranten

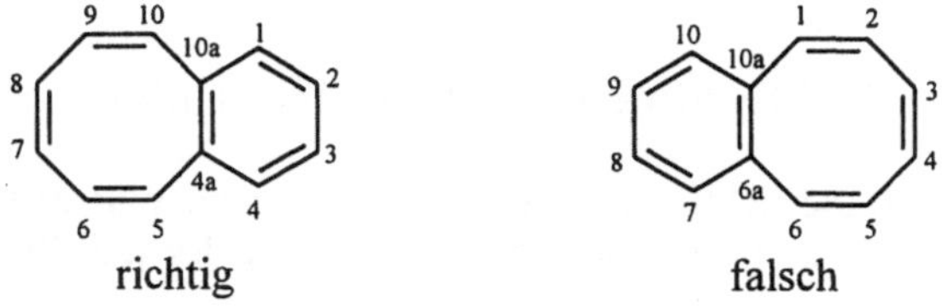

<table>
<tr><td align="center">richtig</td><td align="center">falsch</td><td align="center">falsch</td></tr>
</table>

Das in dieser Weise orientierte System wird im Uhrzeigersinn numeriert. Man beginnt bei dem Kohlenstoffatom, welches sich am weitesten links im obersten Ring oder im am weitesten rechts stehenden Ring der obersten Reihe befindet und an der Ringanellierung nicht beteiligt ist. Kohlenstoffatome, die mehreren Ringen gemeinsam angehören, werden durch Anfügen eines Kleinbuchstaben „a", „b" usw. an den Locanten des unmittelbar davorstehenden Atoms beziffert (z.B. 3a). Beispiele für die Anwendung dieser Bezifferungsregeln finden sich in der Liste der trivial bezeichneten Ringsysteme.

Falls unter Berücksichtigung der oben genannten Regeln noch immer mehrere Orientierungen des Ringsystems möglich sind, erhalten
1. die gemeinsamen C-Atome das niedrigste Set (*Beispiele 28* und *31*),
2. der indizierte Wasserstoff die niedrigste Bezifferung (*Beispiele 28* und *32*).

Beispiel 31: Im Vergleich zu den Locanten 6a/10a ist das Set 4a/10a für die gemeinsamen C-Atome niedriger, sodaß die links wiedergegebene Orientierung richtig ist. Dieses Beispiel zeigt auch, daß bei Zweiringverbindungen der kleinere Ring daher immer rechts anzuordnen ist.

<table>
<tr><td align="center">richtig</td><td align="center">falsch</td></tr>
</table>

Beispiel 32: Auch hier ist die Orientierung der linken Formel richtig, da der indizierte Wasserstoff den Locanten 5 (rechte Formel 9) erhält.

<table>
<tr><td align="center">richtig</td><td align="center">falsch</td></tr>
</table>

5.3 Hydrierte Verbindungen

Da die anellierten Ringsysteme mankude Verbindungen darstellen, muß der Wegfall einer oder mehrerer Doppelbindungen durch die aus der additiven Nomenklatur (s. Kap. 4.3) stammenden Silben Dihydro-, Tetrahydro- usw. ausgedrückt werden. Besitzt eine Verbindung eine ungerade Anzahl von zusätzlichen Wasserstoffen, ist der einzelne Wasserstoff als indiziertes H anzugeben, welches nach Möglichkeit den niedrigsten der „Wasserstofflocanten" erhalten soll.

Beispiel 33: In dem abgebildeten Ringsystem sind die drei Atome C-5, C-6 und C-7 an keiner Doppelbindung beteiligt. Das bedeutet, daß entweder zwischen C-5 und C-6 oder zwischen C-6 und C-7 eine Doppelbindung eingefügt werden kann, um zum mankuden System zu gelangen. Im ersten Fall müßte an C-7, im zweiten an C-5 ein Wasserstoff indiziert werden. Gemäß der oben erwähnten Forderung ist Variante 2 der Vorzug zu geben.

6,7-Dihydro-5H-benzocyclohepten

Zur Beurteilung, ob ein mankuder anellierter Kohlenwasserstoff einen indizierten Wasserstoff als Bestandteil des Ringsystems besitzt oder nicht, ist folgende Vorgangsweise zu empfehlen. Man bildet die Summe aller Atome der Einzelringe, aus denen das System aufgebaut ist, und kann damit folgende prinzipielle Aussage treffen:
geradzahlige Summe: kein indiziertes H (z.B. Naphthalin: 6+6=12)
ungeradzahlige Summe: indiziertes H (z.B. Fluoren: 6+5+6=17; Benzocyclohepten: 7+6=13)

5.3.1 Hydrierte Verbindungen und Suffixe

In diesem Kapitel soll die richtige Angabe von indiziertem Wasserstoff und Hydrierungsgrad in teilhydrierten Polycyclen in Abhängigkeit des jeweiligen Suffixes besprochen werden.

Prinzipiell sollte schrittweise nach den folgenden vier Punkten vorgegangen werden:
1. Benennung des mankuden Ringsystems
2. Bezeichnung des Suffixes (möglichst ohne Änderung des Hydrierungsgrades)
3. Angleichung des Hydrierungsgrades an die tatsächliche Gegebenheit
4. Bezeichnung der Präfixe

Diese Vorgangsweise soll nun an einigen Beispielen erläutert und formelmäßig entwickelt und aufbereitet werden. Die zu benennende Verbindung ist jeweils als letztes Formelbild wiedergegeben.

Beispiel 34: Das Suffix in der zu benennenden Verbindung ist das Keton, welches aber in der mankuden Verbindung Naphthalin wegen seiner Zweibindigkeit nicht untergebracht werden kann. Daher muß die Doppelbindung zwischen C-1 und C-2 entfernt werden, was ein Ansagen eines Wasserstoffs in Position 1 zur Folge hat. Da der indizierte Wasserstoff durch das Suffix -on verursacht ist, wird er auch dort genannt.

Naphthalin   2(1H)-Naphthalinon

Beispiel 35: In diesem Beispiel stellt die Carbonsäure das Suffix dar, welches ohne den Hydrierungsgrad ändern zu müssen als einbindige funktionelle Gruppe an das Naphthalin substituiert werden kann. Daher ist die Verbindung in der zweiten Stufe (mankudes Ringsystem mit Suffix) als 1-Naphthalincarbonsäure zu bezeichnen. Nun wird der Hydrierungsgrad angeglichen, d.h., die Wegnahme der Doppelbindung zwischen C-1 und C-2 durch das Nomenklaturelement Dihydro- ausgedrückt und in der letzten Stufe die Ketonfunktion als Präfix oxo- bezeichnet.

1-Naphthalincarbonsäure   1,2-Dihydro-1-naphthalincarbonsäure

1,2-Dihydro-2-oxo-1-naphthalincarbonsäure

Beispiel 36: Da in der zu nomenklierenden Verbindung (siehe Seite 28) die Atome 5, 6 und 7 an keiner Doppelbindung beteiligt sind, stehen als mankude Grundkörper prinzipiell das 5H- und das 7H-Benzocyclohepten zur Auswahl. Da nun einerseits die Forderung der möglichst niedrigen Bezifferung des indizierten Wasserstoffs zu erfüllen ist, andererseits aber das Suffix möglichst ohne Änderung des Hydrierungsgrades substituiert werden soll und diese Tatsache Vorrang besitzt, muß als Grundkörper in diesem Fall das 7H-Benzocyclohepten gewählt werden. Der indizierte Wasserstoff wird als „nicht loslösbare Silbe" unmittelbar vor dem Ringsystem genannt. Nach der Nennung des Suffixes -on in Position 7 wird im dritten und hier letzten Schritt der Hydrierungsgrad an die tatsächlichen Gegebenheiten angeglichen.

5H-Benzocyclohepten   7H-Benzocyclohepten

7H-Benzocyclohepten-7-on   5,6-Dihydro-7H-benzocyclohepten-7-on

Beispiel 37: Da in diesem Beispiel wiederum die einbindige Carboxylfunktion das Suffix darstellt, muß deshalb auf die Stellung des indizierten H keine Rücksicht genommen werden, sodaß das 5H-Benzocyclohepten als mankuder Grundkörper zu verwenden ist. Nach der Substitution der Säurefunktion in Position 6 (5H-Benzocyclohepten-6-carbonsäure) wird an den tatsächlichen Hydrierungsgrad angeglichen (6,7-Dihydro-5H-benzocyclohepten-6-carbonsäure) und in der letzten Stufe das Präfix (6,7-Dihydro-7-oxo-5H-benzocyclohepten-6-carbonsäure) genannt.

5H-Benzocyclohepten   5H-Benzocyclohepten-6-carbonsäure

6,7-Dihydro-5H-benzocyclo-   6,7-Dihydro-7-oxo-5H-benzo-
hepten-6-carbonsäure   cyclohepten-6-carbonsäure

5.4 Reste von anellierten Kohlenwasserstoffen

Bei der Nomenklierung von Resten anellierter Kohlenwasserstoffe wird die Bezifferung des Polycyclus gemäß den diskutierten Regeln jedenfalls beibehalten. Die freie Valenz erhält den noch möglichst niedrigen Locanten.

5.4.1 Einwertige Reste

Zur Benennung einwertiger Reste wird die Endung **-en** des Kohlenwasserstoffs durch **-enyl** ersetzt.
 Bei den folgenden Resten werden als Ausnahmen Kurzformen verwendet:

Naphthalinyl	→	Naphthyl
Anthracenyl	→	Anthryl
Phenanthrenyl	→	Phenanthryl

Beispiel 38:

2-Indenyl

Beispiel 39:

2-Naphthyl

5.4.2 Zweiwertige Reste

Bei zweiwertigen Resten wird unterschieden, ob die beiden Valenzen von einem C-Atom oder von verschiedenen C-Atomen ausgehen.

Von einem C-Atom: Die Endung **-en** des Kohlenwasserstoffs wird durch **-enyliden** ersetzt. Für die bei den einwertigen Resten angeführten Ausnahmen findet die Endung -yliden Verwendung (z.B. Naphthyliden).

Beispiel 40: Der Ylidenrest stellt in gleicher Weise wie das Suffix -on eine zweiwertige Funktion dar, sodaß auch hier auf die bereits erläuterte Anwendung des indizierten Wasserstoffs Bedacht genommen werden muß. Daher ist in diesem Beispiel als mankuder Grundkörper das 2H-Inden zu wählen.

2H-Inden-2-yliden

Beispiel 41: Der Grundkörper Naphthalin besitzt keinen indizierten Wasserstoff, sodaß durch den zweiwertigen Rest -yliden und den dadurch bedingten Wegfall einer Doppelbindung ein solcher in Position 2 anzusagen ist.

1(2H)-Naphthyliden

Von verschiedenen C-Atomen: Die Endung **-en** des Kohlenwasserstoffs wird entweder durch die Endung **-enylen** (für die bei den einwertigen Resten angeführten Ausnahmen wird die Endung -ylen eingesetzt) ersetzt oder durch die Endung **-diyl** ergänzt. Die zweite Benennungsweise wird von Chemical Abstracts verwendet.

Beispiel 42:   *Beispiel 43*:

2H-Inden-1,3-ylen   2,3-Anthrylen
2H-Inden-1,3-diyl   2,3-Anthracendiyl

Übungen 13-15: siehe Anhang II

5.5 Kohlenwasserstoffbrücken in anellierten Systemen

Dieser Verbindungstyp stellt anellierte Ringsysteme dar, die darüber hinaus mit weiteren Kohlenwasserstoffbrücken überbrückt sind.

Die Nomenklierung erfolgt in der Weise, daß zuerst das anellierte System nach den bisher besprochenen Regeln bezeichnet wird. Die zusätzliche Brücke wird als nicht loslösbare Vorsilbe, die einen Bestandteil des Ringsystems darstellt, benannt und unmittelbar vor dessen Namen gestellt.

Die Bezeichnung der Brücken wird von den entsprechenden Kohlenwasserstoffen abgeleitet, indem die Endung **-an** in **-ano** bzw. die Endung **-en** in **-eno** umgewandelt wird.

Beispiele für Kohlenwasserstoffbrücken:

Benzeno (o-, m-, p-) $-C_6H_4-$
Butano $-CH_2-CH_2-CH_2-CH_2-$
Ethano $-CH_2-CH_2-$
Etheno $-CH=CH-$
Methano $-CH_2-$

Die Lage der Brücken wird durch die Locanten der Brückenköpfe, die möglichst niedrig zu wählen sind, angeben. Die Bezifferung der Brückenatome erfolgt fortlaufend vom höchstnumerierten Brückenkopf aus.

Beispiel 44: Als polycyclisches System liegt das Anthracen vor, das durch eine Butenobrücke von C-1 nach C-10 überbrückt ist. Da die Brücke durch Ersatz der Wasserstoffe an C-1 und C-10 geschlagen werden kann, muß kein Wasserstoff indiziert werden, sodaß der tatsächliche Hydrierungsgrad durch das Präfix Dihydro- wiedergegeben wird. Die Angabe der Lage der Doppelbindung in der Brücke kann deshalb mit dem Locanten 1 erfolgen, da -buteno- in Klammer steht und der Klammerausdruck gesondert beziffert wird. Die in der Formel angegebene Bezifferung 11 bis 14 bezieht sich auf die Gesamtnumerierung.

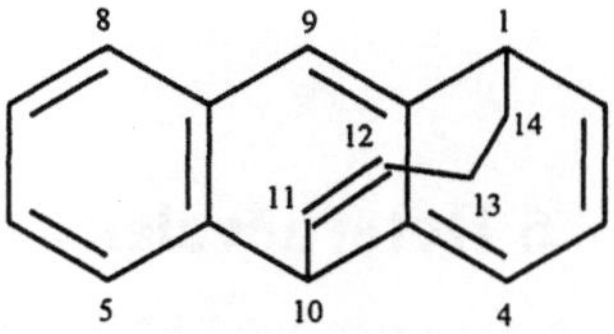

1,10-Dihydro-1,10-(1-buteno)anthracen

Übung 16: siehe Anhang II

6 Heterocyclen

Heterocyclen stellen zu einem hohen Prozentsatz die Grundkörper in Arzneistoffen dar. Aus diesem Grund soll der Diskussion der systematischen Nomenklatur dieser Ringsysteme besonderes Augenmerk gewidmet werden. Als Grundlagen der Nomenklierung dienen das erweiterte **Hantzsch-Widman-System**, welches „a"-Terme mit spezifischen Endungen kombiniert, die **Austauschnomenklatur** sowie eine große Zahl von **Trivial- und Halbtrivialnamen**.

6.1 Monocyclische Heterocyclen

Bei der systematischen Bezeichnung von monocyclischen Heterocyclen ist prinzipiell zwischen Ringen mit bis zu zehn Ringgliedern und solchen mit mehr als zehn Ringatomen zu unterscheiden. Erstere werden mit Hilfe des erweiterten Hantzsch-Widman-Systems bezeichnet, während zweitere mit der Austauschnomenklatur („a"-Nomenklatur) benannt werden.

6.1.1 Erweitertes Hantzsch-Widman-System

Dieses Nomenklatursystem verbindet ein oder mehrere „a"-Terme der Austauschnomenklatur (s. Kap. 4.6) mit einer der unten angeführten Endungen, welche die Ringgröße (bis zu maximal zehn Ringgliedern) und teilweise den Hydrierungsgrad eines Heterocyclus wiedergeben.

Anzahl der	N-haltige Ringe		N-freie Ringe	
Ringglieder	ungesättigt	gesättigt	ungesättigt	gesättigt
3	-irin	-iridin	-iren	-iran
4	-et	-etidin	-et	-etan
5	-ol	-olidin	-ol	-olan
6	-in		-in	-an
7	-epin		-epin	-epan
8	-ocin		-ocin	-ocan
9	-onin		-onin	-onan
10	-ecin		-ecin	-ecan

Wenn Heterocyclen weniger als die maximale Anzahl nicht kumulierter Doppelbindungen enthalten, wird der Sättigungsgrad durch die Präfixe „Dihydro-", „Tetrahydro-" usw. angegeben. Für vier- und fünfgliedrige Ringe, die nur eine Doppelbindung aufweisen, werden die unten angeführten Endungen verwendet.

Ringglieder	N-haltige Ringe	N-freie Ringe
4	-etin	-eten
5	-olin	-olen

Die Reihung mehrerer „a"-Terme im Namen eines Heterocyclus erfolgt nicht alphabetisch, sondern gemäß den Prioritätsregeln, die bereits bei der Besprechung der Austauschnomenklatur (s. Kap. 4.6) genannt wurden.

Die Bezifferung eines monocyclischen Heterocyclus erfolgt in der Weise, daß bei Vorhandensein nur eines Heteroatoms dieses den Locanten 1 erhält, während bei mehreren Heteroatomen im Monocyclus
1. das ranghöchste Heteroatom mit der Ziffer 1 numeriert wird,
2. die Heteroatome insgesamt das niedrigste Set erhalten.

Beispiel 45: In beiden Beispielen (*45* und *46*) erhalten die Heteroatome den Locanten 1. Der „a"-Term **Oxa** für Sauerstoff wird mit den die Sättigungsgrade wiedergebenden Endungen für N-freie Ringe kombiniert. Da zwei Vokale zusammentreffen (Ox**a**iren bzw. Ox**a**iran) wird aus phonetischen Gründen das „a" des „a"-Terms weggelassen (Oxiren bzw. Oxiran). Diese Streichung wird generell gehandhabt.

Oxiren   Oxiran

Beispiel 46: In diesem Beispiel wird der N-haltige viergliedrige Heterocyclus in seinen drei Sättigungsgraden wiedergegeben. Bei dem einfach ungesättigten Ring „Azetin" wird durch den Locanten 2 die Lage der Doppelbindung (von C-2 nach C-3) ausgedrückt.

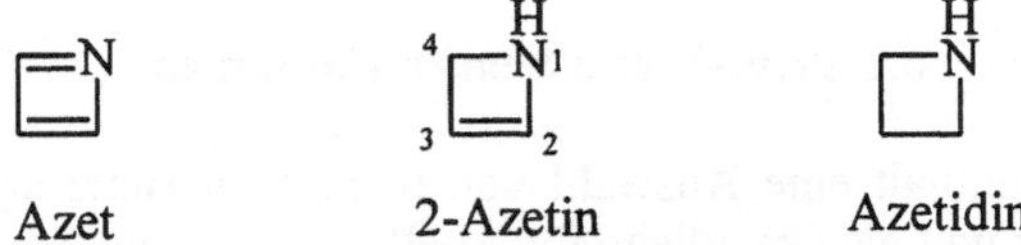

Azet   2-Azetin   Azetidin

Beispiel 47: An den beiden Heterocyclen können die Bezifferungsregeln für monocyclische Heteroatome diskutiert werden. In der linken Formel muß jedenfalls der Schwefel als ranghöchstes Heteroatom die Ziffer 1 erhalten. Danach wird in der Weise weiter numeriert, daß die beiden Stickstoffe die niedrigstmöglichen Locanten erhalten (im Uhrzeigersinn [2 und 5] und nicht gegen den Uhrzeigersinn [3 und 6]). In der rechten Formel stehen prinzipiell zwei Schwefelatome für die Vergabe der Ziffer 1 zur Verfügung. Das durch die wiedergegebene Bezifferung erhaltene Set [1,2,5] ist niedriger als das Set, welches durch den Beginn der Numerierung beim anderen Schwefel erhalten würde [1,3,4]. Prinzipiell sind natürlich auch bei Heterocyclen indizierte Wasserstoffe anzugeben. In der rechten Formel ist jedoch die Angabe des „6H" überflüssig, da das C-6 auf Grund der Zweibindigkeit der beiden benachbarten S-Atome an keiner Doppelbindung beteiligt sein kann.

6H-1,2,5-Thiadiazin   2H-1,5,2,-Dithiazin

Übung 17: siehe Anhang II

6.1.2 Monocyclen mit mehr als zehn Ringgliedern

Da mit dem erweiterten Hantzsch-Widman-System Heterocyclen nur bis zu zehn Ringgliedern benannt werden können, müssen größere Ringe mit der **Austausch-nomenklatur** bezeichnet werden. Wie schon bei der Besprechung dieses Nomenklatursystems ausgeführt (s. Kap. 4.6), geht man vom **gesättigten Grundkörper**, hier einem Cycloalkan, aus, benennt die Heteroatome mit „a"-Termen und gibt die Mehrfachbindungen durch entsprechende Endungen an.

Beispiel 48: Der zugrundeliegende Monocyclus ist ein Cyclotetradecan, welches Sauerstoff (wird als ranghöchstes Heteroatom mit 1 beziffert) und Stickstoff als Heteroatome (oxa, aza) und drei Doppelbindungen (Endung -trien statt -an) enthält.

1-Oxa-8-azacyclotetradeca-3,6,9-trien

Übung 18: siehe Anhang II

6.2 Trivial- und Semitrivialnamen

Die folgende Liste enthält eine Auswahl von mankuden Heterocyclen, die für die Verbindungen selbst und als Grundlage für Anellierungsnamen nicht trivial bezeichneter Verbindungen (s. Kap. 6.3) beibehalten werden.

    Zum Unterschied zur Liste trivial bezeichneter anellierter Kohlenwasserstoffe ist hier keine Prioritätsfolge gegeben, da die Auswahl der Grundkomponente bei anellierten Heterocyclen speziellen Regeln, die in Kap. 6.3.1 besprochen werden, unterworfen ist.

    Auch hier tritt wieder die Problematik des indizierten Wasserstoffs auf. So ist z.B. im Trivialnamen Indol die Stellung des indizierten Wasserstoffs in Position 1 beinhaltet und muß nur bei Doppelbindungsisomerie und damit anderer Lage angegeben weden (z.B. 2H-Indol). In anderen Heterocyclen, wie zum Beispiel Pyran oder Chromen, muß die Stellung des indizierten Wasserstoffs jedoch angeführt werden. In der Liste sind jeweils Beispiele angeführt.

Thiophen

Furan

2H-Pyran

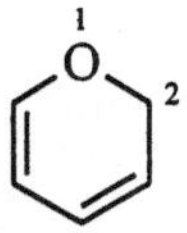

4H-Pyran

Benzofuran

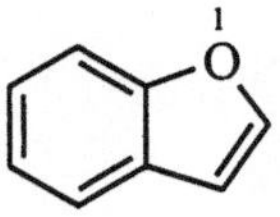

Isobenzofuran

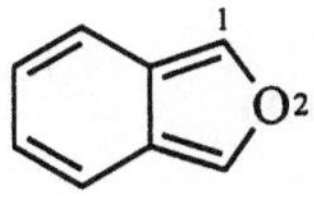

2H-Chromen
2H-1-Benzopyran
(Chem. Abstr.)

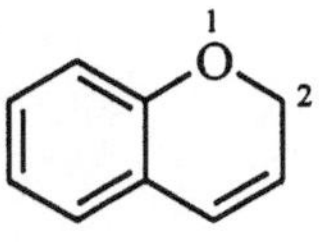

4H-Chromen
4H-1-Benzopyran

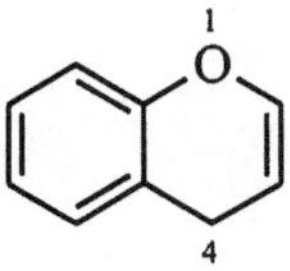

Xanthen*

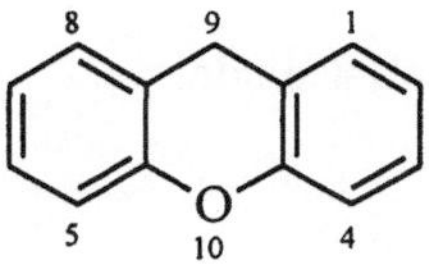

Pyrrol

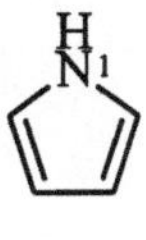

2H-Pyrrol

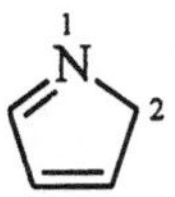

Imidazol

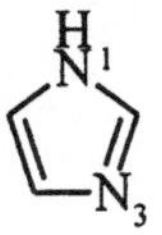

4H-Imidazol

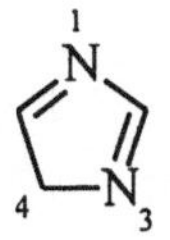

Pyrazol

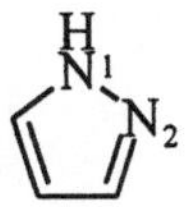

4H-Pyrazol

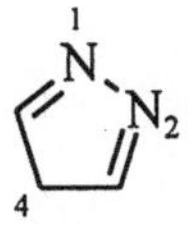

Pyridin

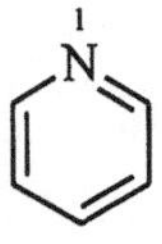

Pyrazin

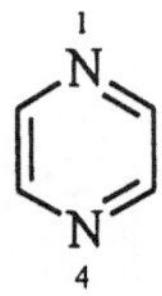

Pyrimidin

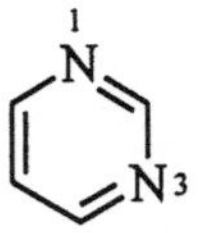

Pyridazin

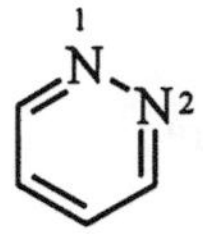

Indolizin

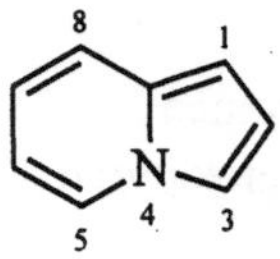

Isoindol 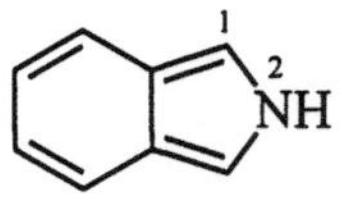   3aH-Isoindol

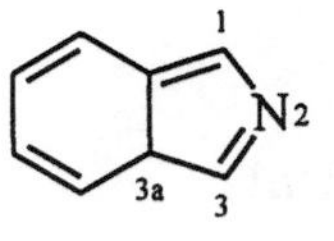

Indol 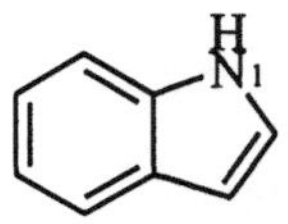   2H-Indol

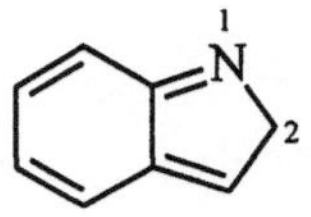

1H-Indazol 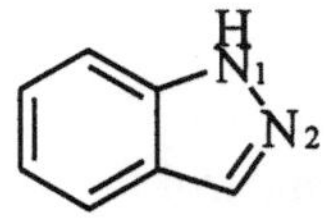   3H-Indazol

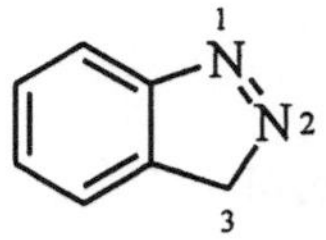

Purin*

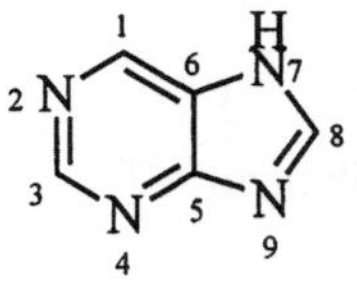

2H-Chinolizin 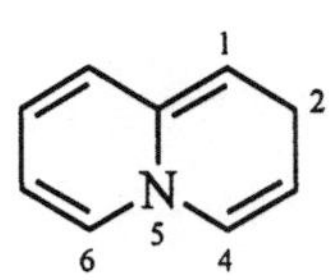   4H-Chinolizin

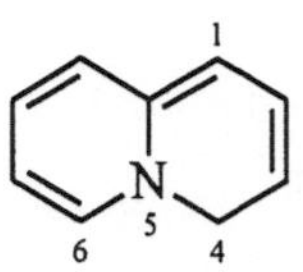

Isochinolin

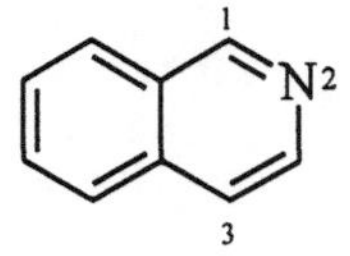

Chinolin

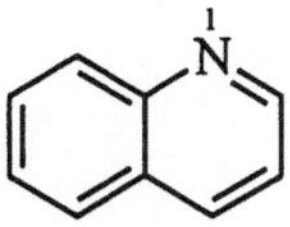

Phthalazin

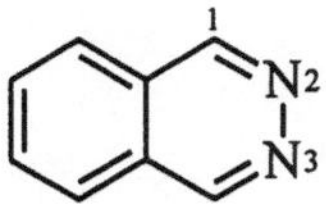

1,8-Naphthyridin**

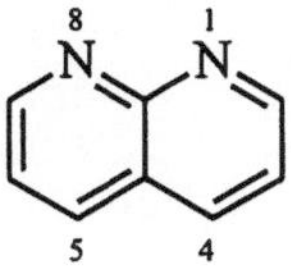

Chinoxalin

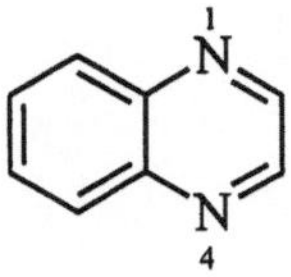

Chinazolin

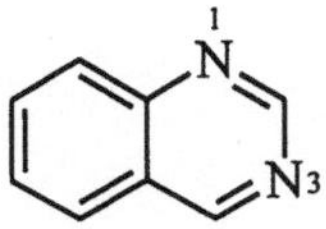

Cinnolin

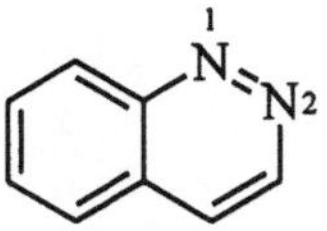

Pteridin

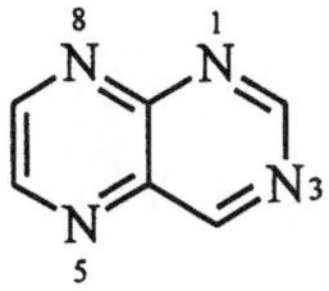

Carbazol*

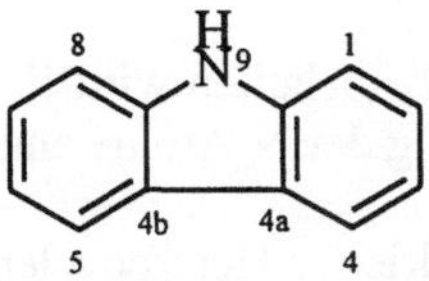

Phenanthridin

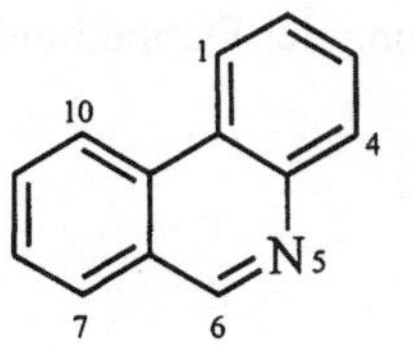

Acridin*

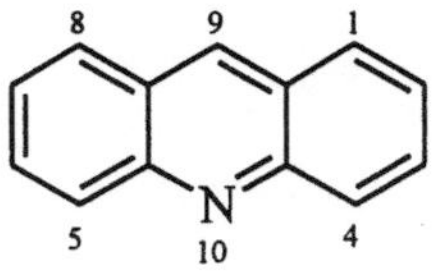

1,7-Phenanthrolin**

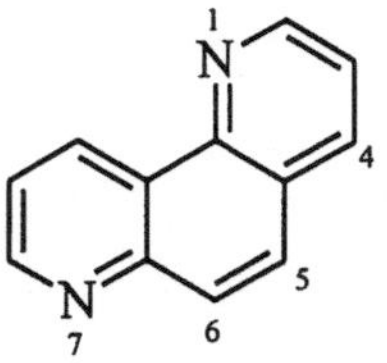

Phenazin

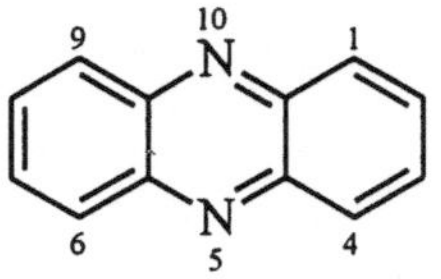

Isothiazol

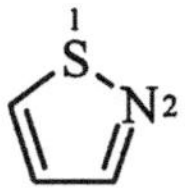

Thiazol

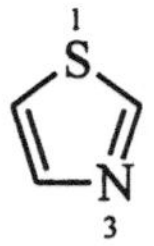

Phenothiazin

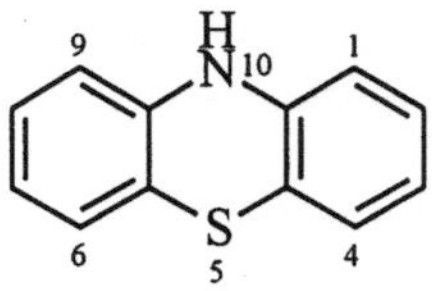

Isoxazol

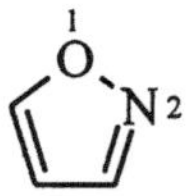

Oxazol

Phenoxazin

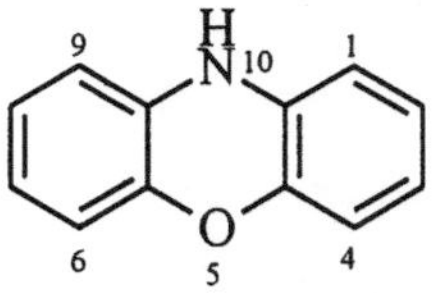

*   Unsystematische Numerierung, die aber beibehalten wird!!!
** Bei diesen Ringsystemen muß die Stellung der N-Atome angegeben werden!!!

Die folgenden Trivialnamen (teilweise) hydrierter Heterocyclen werden zwar beibehalten, sollten aber nicht in Anellierungsnamen verwendet werden. Die Locanten bei den einzelnen Ringsystemen geben die Stellung der Doppelbindung an.

Chroman

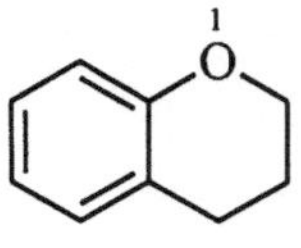

Pyrrolidin

2-Pyrrolin

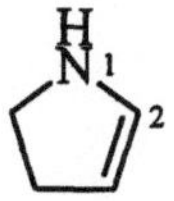

3-Pyrrolin

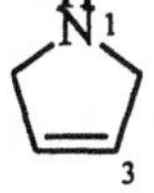

Imidazolidin

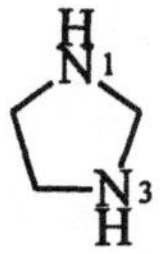

2-Imidazolin

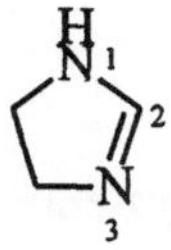

4-Imidazolin

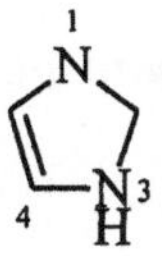

Pyrazolidin

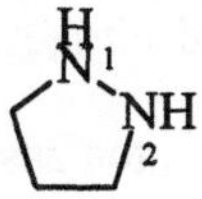

2-Pyrazolin

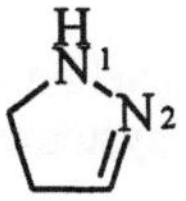

3-Pyrazolin

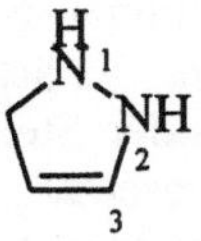

Piperidin

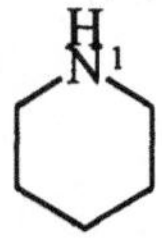

Piperazin

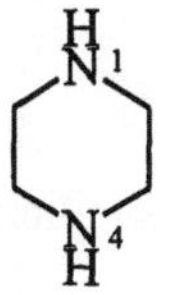

Indolin

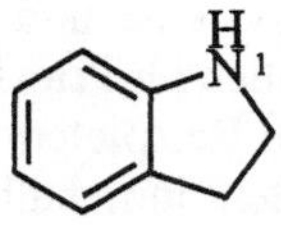

Isoindolin

Chinuclidin*

Morpholin

* Unsystematische Numerierung, die aber beibehalten wird!!!

Übungen 19 und 20: siehe Anhang II

6.3 Anellierte heterocyclische Systeme

Die Nomenklierung anellierter heterocyclischer Ringsysteme folgt prinzipiell den Regeln für anellierte Kohlenwasserstoffe, jedoch sind einige weitere Parameter zu beachten.

Die Namen können sich aus den angeführten Elementen zusammensetzen:
anellierte polycyclische Kohlenwasserstoffe
trivial bezeichnete Heterocyclen
Hantzsch-Widman-Namen

Locanten, die sich nicht auf das Gesamtsystem beziehen (Angabe der Anellierungsstelle oder Stellung von Heteroatomen in Partialsystemen), werden in eckige Klammern gesetzt.

Ferner werden auch hier für anellierte Komponenten anstelle der vollständigen Bezeichnung die angeführten abgekürzten Präfixe verwendet:

Furano	→	Furo
Chinolino	→	Chino
Imidazolo	→	Imidazo
Isochinolino	→	Isochino
Pyridino	→	Pyrido
Pyrimidino	→	Pyrimido
Thiopheno	→	Thieno

6.3.1 Auswahlkriterien für die Basiskomponente in anellierten Heterocyclen

Die Auswahl der Basiskomponente in anellierten Heterocyclen spielt eine entscheidende Rolle bei der Nomenklierung dieser Ringsysteme und muß gemäß den im Anschluß genannten Kriterien erfolgen, die nach fallender Priorität geordnet sind.

In den bei den einzelnen Kriterien angegebenen Beispielen werden die Seitenbezeichnungen und Locanten der Einzelkomponenten innerhalb der Ringe gesetzt, während die Bezifferung des Gesamtsystems, über das in Kap. 6.3.2 noch Näheres gesagt wird, außerhalb der Ringe erfolgt. Die in Klammern gesetzte zweite Nomenklierung verstößt gegen die jeweiligen Kriterien und ist damit von der Systematik her unrichtig.

Als Basiskomponente wird gewählt:

1. ein Heterocyclus gegenüber einem noch so großen Carbocyclus

Die einzige von IUPAC zugelassene Ausnahme zu dieser höchstrangigen Regel stellen anellierte Kohlenwasserstoffe dar, an die ein sauerstoffhaltiger Dreiring ankondensiert ist. Diese Systeme werden häufig als mit Sauerstoff überbrückte Carbocyclen (nicht loslösbares Präfix „Epoxy-") bezeichnet (s. Kap. 6.6).

Beispiel 49: Der trivial bezeichnete Heterocyclus Isochinolin ist an der Seite „h" mit einem Benzolring anelliert.

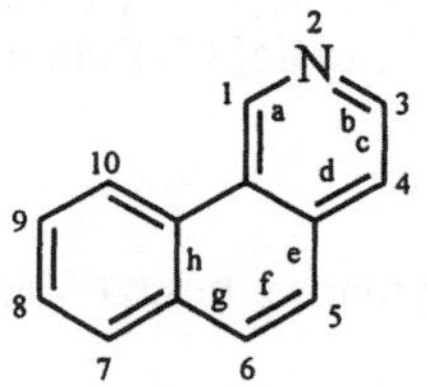

Benzo[h]isochinolin
(nicht Pyrido[3,4-a]naphthalin)

2. die stickstoffhaltige Komponente (der stickstoffhaltige Ring)

Beispiel 50: Als stickstoffhaltiger Ring stellt Pyrrol die Basiskomponente dar. Dieses Ringsystem trägt an Atom 6 (Stickstoff) einen indizierten Wasserstoff, der zu nennen ist.

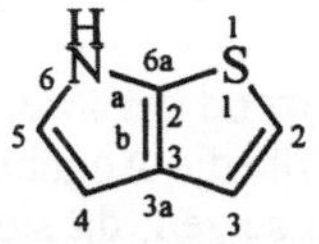

6H-Thieno[2,3-b]pyrrol
(nicht 6H-Pyrrolo[2,3-b]thiophen)

3. in Abwesenheit einer stickstoffhaltigen Komponente diejenige, welche das gemäß der Reihung der „a"-Terme ranghöchste Heteroatom aufweist

Beispiel 51: Sauerstoff ist gegenüber dem Schwefel das ranghöhere Heteroatom. Daher ist der Furanring die Basiskomponente.

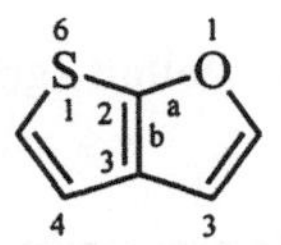

Thieno[2,3-b]furan
(nicht Furo[2,3-b]thiophen)

4. die Komponente mit den meisten Ringen

Beispiel 52: Von den in Frage kommenden trivial bezeichneten Grundkörpern besitzt Carbazol die meisten Ringe (nämlich drei). Der indizierte Wasserstoff in Position 7 ist selbstverständlich anzugeben.

7H-Pyrazino[2,3-c]carbazol
(nicht 7H-Indolo[3,2-f]chinoxalin)

5. der größte Ring

Beispiel 53: Der sechsgliedrige Pyranring besitzt Vorrang gegenüber dem fünfgliedrigen Furanring.

2H-Furo[3,2-b]pyran
(nicht 2H-Pyrano[3,2-b]furan)

6. die Komponente mit der größten Anzahl beliebiger Heteroatome

Beispiel 54: Das 1,2-Oxazin ist auf Grund der zwei Heteroatome als Basiskomponente zu wählen. Die Locanten 1 und 2 für die Angabe der Stellung der Heteroatome im Oxazin sind in eckige Klammern zu setzen, da sie nicht mit der Gesamtbezifferung (Locanten 6 und 7) übereinstimmen.

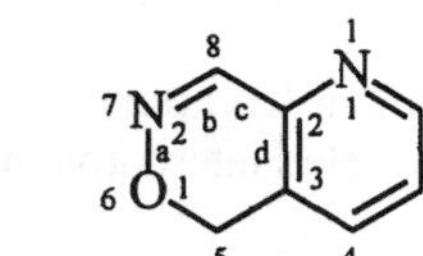

5H-Pyrido[2,3-d][1,2]oxazin
(nicht [1,2]Oxazino[4,5-b]pyridin)

7. die Komponente mit der größten Vielfalt (größten Zahl an verschiedenen) Heteroatomen

Beispiel 55: Das Oxazol mit den Heteroatomen Sauerstoff und Stickstoff ist dem Pyrazol mit zwei Stickstoffen vorzuziehen.

1H-Pyrazolo[4,3-d]oxazol
(nicht 1H-Oxazolo[5,4-c]pyrazol)

8. die Komponente mit möglichst vielen ranghöheren Heteroatomen

Beispiel 56: Schwefel besitzt von allen in diesem Ringsystem enthaltenen Heteroatomen den höchsten Rang.

Selenazolo[5,4-f]benzothiazol
(nicht Thiazolo[5,4-f]benzoselenazol)

9. die Komponente, in der die Heteroatome vor der Anellierung die niedrigsten Locanten haben

Beispiel 57: Wie die Bezifferung der Einzelringe zeigt, erhalten die Stickstoffatome im Pyridazin die Locanten 1 und 2, diejenigen des Pyrazins hingegen 1 und 4; daher ist Pyridazin als Basiskomponente zu wählen.

Pyrazino[2,3-d]pyridazin
(nicht Pyridazino[4,5-b]pyrazin)

6.3.2 Orientierung und Numerierung anellierter Heterocyclen

Vor der Gesamtbezifferung eines anellierten Heterocyclus muß das Ringsystem richtig orientiert werden.

Dies geschieht in der gleichen Weise wie bei anellierten Kohlenwasserstoffen durch das Hineinlegen des Polycyclus in ein Koordinatenkreuz unter Berücksichtigung der bereits beschriebenen Prioritäten:
1. möglichst viele Ringe waagrecht
2. möglichst viele Ringe im oberen rechten Quadranten
3. möglichst wenige Ringe im unteren linken Quadranten

Falls trotzdem noch mehrere Orientierungen möglich sind, was bei anellierten Heterocyclen häufig der Fall ist, erhalten nach fallender Priorität
1. die Heteroatome insgesamt das niedrigste Set,
2. das ranghöchste Heteroatom den niedrigsten Locanten,

3. die den Ringen gemeinsamen C-Atome das niedrigste Set,
4. der indizierte Wasserstoff die niedrigste Nummer.

Das nun richtig orientierte Gesamtsystem wird im Uhrzeigersinn, wie bei den polycyclischen Kohlenwasserstoffen beschrieben, numeriert.

Eine Ausnahme zu den Bezifferungsregeln ist dann zu beachten, wenn eine Ringverknüpfungsstelle von einem Heteroatom (meist Stickstoff) eingenommen wird. Dieses Heteroatom wird, wie schon in der Auflistung der Trivialnamen bei den beiden Systemen Indolizin und Chinolizin vorweggenommen (s. Kap. 6.2), mit einer vollen Ziffer versehen und natürlich in den Namen beider Komponenten berücksichtigt.

Beispiel 58: Gemäß den besprochenen Auswahlkriterien für die Basiskomponente anellierter Heterocyclen ist Thiazol als solche zu wählen. Dieses ist an der Seite „b" mit den Atomen 1 und 2 des Imidazols anelliert. Da die Angabe dieser Atome in der Zählrichtung der Hauptkomponente zu erfolgen hat, ist die Anellierungsstelle mit [2,1-b] zu bezeichnen.

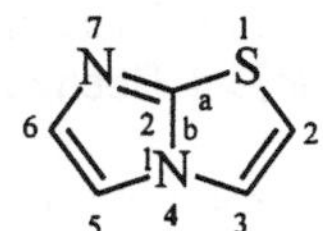

Imidazo[2,1-b]thiazol

Als weitere Beispiele für anellierte Heterocyclen können die in Kap. 6.3.1 aufgelisteten Ringsysteme betrachtet werden.

Übungen 21 und 22: siehe Anhang II

6.3.3 Benzoanellierte Heterocyclen

Die Nomenklierung von Verbindungen, in denen ein monocyclischer Heterocyclus mit **einem** Benzolkern anelliert ist, stellt eine Ausnahme der Bezeichnung anellierter Heterocyclen dar.

Dem Namen des Heterocyclus wird die Anellierungskomponente Benzo- vorangestellt und die Position der Heteroatome durch die entsprechenden Locanten vor der Gesamtbezeichnung angegeben. Diese Vorgangsweise ist deshalb möglich, da auf Grund der Orientierungs- und Bezifferungsregeln bei diesen Zweiringsystemen der Heterocyclus immer rechts steht. Die solcherart gebildeten Namen dürfen auch für Komponenten komplexer anellierter Systeme verwendet werden.

Die angeführte Bezeichnungsweise, die bei IUPAC und auch Chemical Abstracts prinzipiell für diese Ringsysteme Verwendung findet, soll nun an einigen Beispielen erläutert werden.

Beispiel 59: Der Bezeichnung des siebengliedrigen stickstoffhaltigen Heterocyclus (Azepin) wird die Silbe Benzo- (der Vokal „o" wird aus phonetischen Gründen weggelassen) vorangestellt (Benzazepin), und sodann die Position des Heteroatoms vor die Gesamtbezeichnung gestellt (2-Benzazepin). Zur Vervollständigung der Nomenklatur muß noch die Stellung des indizierten Wasserstoffs angegeben werden.

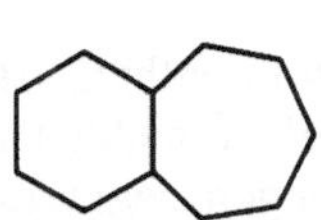

1H-2-Benzazepin

Beispiel 60: In diesem Beispiel soll gezeigt werden, wie die Konstruktion der Formel einer derartigen Verbindung aus einer Nomenklatur (1,4-Benzothiazepin) durchgeführt werden kann. Aus der Endung (-epin) ist ein siebengliedriger Ring abzuleiten. Da nun auf Grund der Orientierungsregel, daß die Heteroatome insgesamt das niedrigste Set erhalten, in diesen Zweiringsystemen der Heterocyclus immer rechts steht, kann das Ringskelett generiert werden. Nun werden in dieses Skelett die Heteroatome insertiert (in Position 1 der Schwefel und in Position 4 der Stickstoff) und zuletzt die nicht kumulierten Doppelbindungen eingezeichnet.

1,4-Benzothiazepin

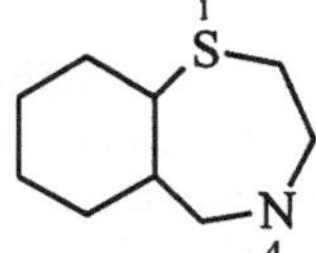

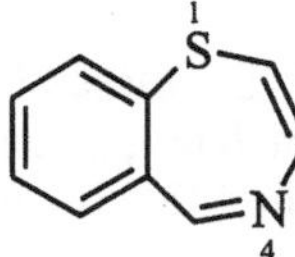

Beispiel 61: Die Orientierung des Ringsystems hat in der Weise zu erfolgen, daß die Heteroatome das kleinste Set erhalten (1,3). Da aber die „a"-Terme nach Priorität gereiht werden müssen (oxa vor aza), muß in der Nomenklatur auch der Locant für den Sauerstoff zuerst genannt werden. Daraus ergibt sich die Reihenfolge 3,1.

4H-3,1-Benzoxazin

Übungen 23 und 24: siehe Anhang II

6.4 Hydrierte Verbindungen

Wie anellierte Carbocyclen werden auch anellierte Heterocyclen als mankude Ringsysteme bezeichnet. Teilweise oder gänzlich hydrierte Verbindungen müssen daher in gleicher Weise ihrem Hydrierungsgrad entsprechend durch die Verwendung der Silbe hydro- (nur in Verbindung mit geradzahligen Zahlworten) und die Nennung indizierter Wasserstoffe nomenkliert werden.

Allerdings ist die Beurteilung, ob eine mankude Verbindung einen indizierten Wasserstoff als Bestandteil des Grundkörpers besitzt, bei Heterocyclen mitunter schwieriger, da man dafür meist nicht auf die einfache Summenbildung der Ringatome wie bei den Carbocyclen (s. Kap. 5.3) zurückgreifen kann.

Die zielführendste Methode besteht darin, zuerst das Ringsystem mit Heteroatomen aber ohne Doppelbindungen anzuschreiben und danach neben einem zweibindigen Heteroatom (wenn vorhanden) beginnend die nicht kumulierten Doppelbindungen unter Berücksichtigung der Wertigkeit der Atome (Sauerstoff und Schwefel: zweiwertig; Stickstoff: dreiwertig) einzuzeichnen.

Beispiel 62: Mit dem Nachbaratom zum Ringsauerstoff beginnend werden die nicht kumulierten Doppelbindungen gelegt (C-2/C-3; C-4/N; C-5a/C-6 usw.). Da mit Ausnahme des zweibindigen Sauerstoffs alle übrigen Ringatome an einer Doppelbindung beteiligt sind, besitzt dieses Ringsystem keinen indizierten Wasserstoff.

1,5-Benzoxazepin

Beispiel 63: Da dieses Formelbild kein zweibindiges Heteroatom enthält, ist es zur prinzipiellen Klärung der Frage, ob ein indizierter Wasserstoff vorhanden ist oder nicht, gleichgültig, wo mit dem Einzeichnen der Doppelbindungen begonnen wird. Im Fall der mittleren Formel wurde bei N-1, im Fall der rechten Formel bei C-2 begonnen. Wie leicht ersichtlich ist, besitzt diese Verbindung einen indizierten Wasserstoff, der je nach Doppelbindungslagen an verschiedenen Atomen zu stehen kommt.

9aH-1,4-Benzodiazepin   1H-1,4-Benzodiazepin

6.4.1 Hydrierte Verbindungen und Suffixe

Auch bei der Nomenklierung von (teil)hydrierten Heterocyclen wird die richtige Angabe von indiziertem Wasserstoff und Hydrierungsgrad nach den bereits bei den polycyclischen Carbocyclen genannten und hier noch einmal angeführten vier Punkten vorgenommen:
1. Benennung des mankuden Ringsystems
2. Bezeichnung des Suffixes (möglichst ohne Änderung des Hydrierungsgrades)
3. Angleichung des Hydrierungsgrades an die tatsächliche Gegebenheit
4. Bezeichnung der Präfixe

Auf Grund der häufig auftretenden Schwierigkeit der richtigen Anwendung soll diese Vorgangsweise an einigen Beispielen noch einmal diskutiert werden. Die zu benennende Verbindung ist wiederum als letzte Formel abgebildet.

Beispiel 64: Die als Suffix zu benennende Ketogruppe ist im mankuden 1,5-Benzothiazepin, das keinen indizierten Wasserstoff als Bestandteil des Ringsystems aufweist, nur unter Wegnahme der 4/5-Doppelbindung unterzubringen, was die Ansage eines Wasserstoffs, bedingt durch das Suffix -on (-4(5H)-on), erfordert. Im weiteren Schritt wird der tatsächliche Hydrierungsgrad (2,3-Dihydro-) wiedergegeben.

1,5-Benzothiazepin   1,5-Benzothiazepin-4(5H)-on

2,3-Dihydro-1,5-benzothiazepin-4(5H)-on

Beispiel 65: Die hier als Suffix zu bezeichnende Carboxylfunktion kann ohne Änderung des Hydrierungsgrades substituiert werden (1,5-Benzothiazepin-3-carbonsäure). Nach der Angleichung des Hydrierungsgrades (2,3,4,5-Tetrahydro-) wird in der letzten Stufe die Ketonfunktion als Präfix (-4-oxo-) genannt.

1,5-Benzothiazepin-
3-carbonsäure

2,3,4,5-Tetrahydro-1,5-benzothiazepin-
3-carbonsäure

2,3,4,5-Tetrahydro-4-oxo-1,5-benzothiazepin-3-carbonsäure

Beispiel 66: In dem zu nomenklierenden Heterocyclus sind die Atome 1, 2 und 3 an keiner Doppelbindung beteiligt. Daher stehen als mankude Grundkörper im Prinzip das 1H- und das 2H-1,4-Benzodiazepin zur Auswahl. Da nun das Suffix -on möglichst ohne Änderung des Hydrierungsgrades zu bezeichnen ist, muß als Grundkörper das 2H-Isomere gewählt werden. Im letzten Schritt wird der Hydrierungsgrad angepaßt.

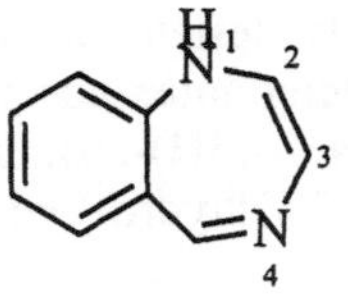

1H-1,4-Benzodiazepin

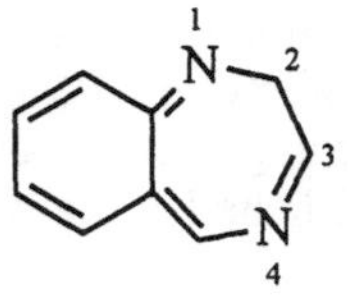

2H-1,4-Benzodiazepin

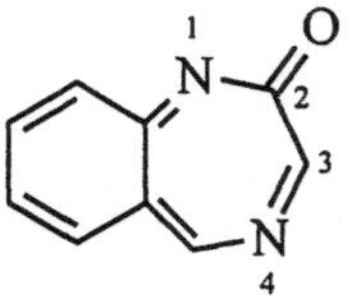

2H-1,4-Benzodiazepin-2-on

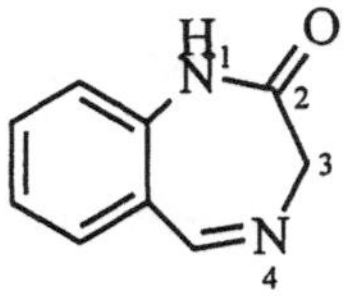

1,3-Dihydro-2H-1,4-benzodiazepin-2-on

Beispiel 67: Auf Grund der einbindigen Carboxylfunktion, die in diesem Beispiel das Suffix darstellt, muß auf die Stellung des indizierten Wasserstoffs keine Rücksicht genommen werden, sodaß diesem hier tatsächlich die niedrigste Position zugeordnet werden kann. Daher wird als mankudes Ringsystem das 1H-1,4-Benzodiazepin zugrunde gelegt. Nach Substitution der Suffixfunktion in Position 3 (1H-1,4-Benzodiazepin-3-carbonsäure) wird durch Wegnahme der 2/3-Doppelbindung an den tatsächlichen Hydrierungsgrad angeglichen (2,3-Dihydro-) und zuletzt das Präfix in Position 2 benannt (-2-oxo-).

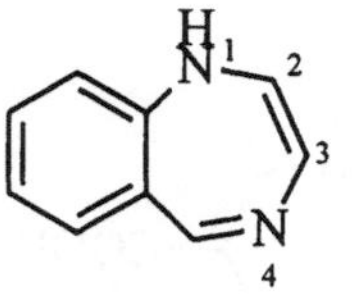

1H-1,4-Benzodiazepin

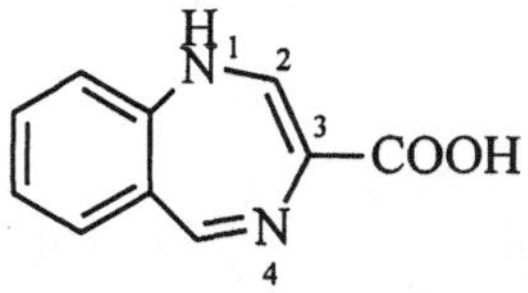

1H-1,4-Benzodiazepin-3-carbonsäure

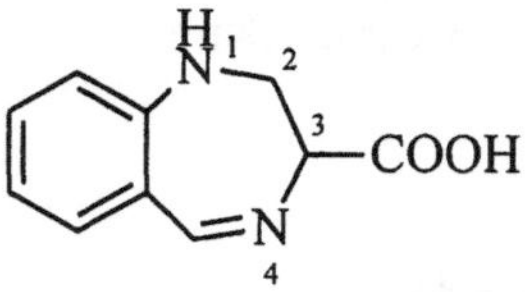

2,3-Dihydro-1H-1,4-benzodiazepin-
3-carbonsäure

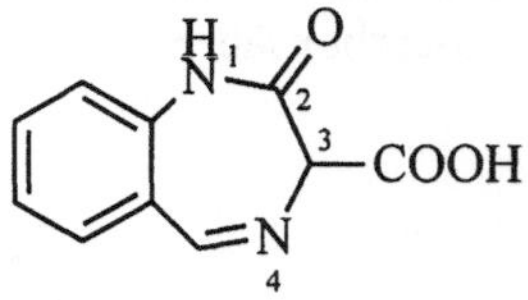

2,3-Dihydro-2-oxo-1H-1,4-benzodiazepin-
3-carbonsäure

Übungen 20, 21, 23, 24, 25 und 34: siehe Anhang II

6.5 Reste von Heterocyclen

Bei der Nomenklierung von Resten monocyclischer und polycyclischer Heterocyclen wird die Bezifferung des Ringsystems gemäß den diskutierten Regeln jedenfalls beibehalten. Die freie Valenz erhält den noch niedrigstmöglichen Locanten.

6.5.1 Einwertige Reste

Zur Benennung einwertiger Reste wird an die Bezeichnung des Heterocyclus die Endung -yl angefügt.

Bei den folgenden Resten werden als Ausnahmen Kurzformen verwendet:

Furanyl	→	Furyl
2-Furylmethyl	→	Furfuryl (nur für 2-substituierten Rest)
Pyridinyl	→	Pyridyl
Piperidinyl	→	Piperidyl
Chinolinyl	→	Chinolyl
Isochinolinyl	→	Isochinolyl
Thiophenyl	→	Thienyl
Thienylmethyl	→	Thenyl

In den folgenden Beispielen werden einige sowohl systematisch als auch mit ihren Kurzformen bezeichnete Reste angeführt.

Beispiel 68:

2-Pyrimidinyl

Beispiel 69:

2H-Pyran-3-yl

Beispiel 70:

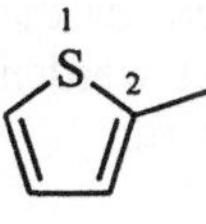

2-Thienyl

Beispiel 71:

7-Chinolyl

Beispiel 72:

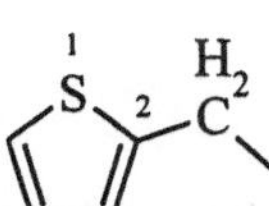

2-Thenyl

Beispiel 73:

Furfuryl

6.5.2 Zweiwertige Reste

Bei der Benennung zweiwertiger Reste wird unterschieden, ob die beiden Valenzen von einem C-Atom oder von verschiedenen C-Atomen ausgehen.

Von einem C-Atom: An die Bezeichnung des Heterocyclus wird die Endung -yliden angefügt. Für die bei den einwertigen Resten angeführten Ausnahmen wird die Endung -yl durch -yliden ersetzt (s. *Beispiel 75*).

Beispiel 74: Der Ylidenrest stellt, wie schon bei den anellierten Kohlenwasserstoffen erläutert, in gleicher Weise wie das Suffix -on eine zweiwertige Funktion dar. Es ist also auch hier so zu verfahren, daß der Ylidenrest möglichst ohne Änderung des Hydrierungsgrades benannt werden muß. Da sich im konkreten Beispiel diese Funktion in 2-Position befindet, ist als mankuder Grundkörper das 2H-Pyran zu wählen.

2H-Pyran-2-yliden

Beispiel 75: Der Grundkörper Pyridin besitzt keinen indizierten Wasserstoff, sodaß durch den zweiwertigen Rest -yliden und den dadurch bedingten Wegfall einer Doppelbindung in diesem Formelbeispiel ein solcher in Position 1 anzusagen ist.

4(1H)-Pyridyliden

In den beiden folgenden Beispielen werden zwei als Ausnahmen beibehaltene Kurzformen der zweiwertigen Reste Thienylmethylen- und 2-Furylmethylen- wiedergegeben. Bei dem Thenyliden-Rest muß die Stellung angegeben werden, da die Kurzbezeichnung auch für den stellungsisomeren Rest an C-3 angewendet werden kann, während als Furfurylidenrest nur der 2-substituierte Rest bezeichnet wird.

Beispiel 76:   *Beispiel 77*:

2-Thenyliden   Furfuryliden

Von verschiedenen C-Atomen: An die Bezeichnung des Heterocyclus wird die Endung **-diyl** angefügt.

Beispiel 78:

2,4-Chinolindiyl

6.6 Heterobrücken in anellierten Systemen

Unter diesem Verbindungstyp versteht man polycyclische, Heteroatome enthaltende, anellierte Ringsysteme, deren Grundkörper mit einer oder mehreren Heterobrücken überbrückt ist.

Zur Nomenklierung wird zuerst der anellierte Grundkörper (Carbocyclus oder Heterocyclus) gemäß den bisher besprochenen Regeln benannt. Die zusätzlichen Heterobrücken werden als nicht loslösbare Präfixe, die einen Bestandteil des Gesamtringsystems darstellen, bezeichnet und unmittelbar vor dessen Namen gestellt.

Mit Ausnahme von sauerstoffhaltigen Brücken wird die Endung **-o** verwendet. Bei sauerstoff- und schwefelhaltigen Brücken wird die Silbe **Epi-** der Bezeichnung des Atoms (oxy- bzw. thio-) vorangestellt, um die Brückenfunktion zu verdeutlichen (der Vokal „i" wird bei der Sauerstoffbrücke weggelassen).

Beispiele für Heterobrücken:

Azo	–N=N–	Epoxy	–O–
Biimino	–NH–NH–	Epoxyimino	–O–NH–
Epidioxy	–O–O–	Epoxythio	–O–S–
Epithio	–S–	Imino	–NH–

Die Lage der Brücken wird durch die Locanten der Brückenkopfatome, die möglichst niedrig zu beziffern sind, angegeben. Die Numerierung der Brückenatome erfolgt fortlaufend vom höchstnumerierten Brückenkopf aus.

Beispiel 79: Das Grundringsystem stellt das Naphthalin dar, welches durch eine Sauerstoffbrücke (epoxy-) von C-1 nach C-4 überbrückt ist. Die Angleichung des Hydrierungsgrades erfolgt durch das Präfix Dihydro-.

1,4-Dihydro-1,4-epoxynaphthalin

Beispiel 80: In diesem und im nächsten Beispiel wird der perhydrierte Heterocyclus Benzofuran durch eine aus einem Sauerstoff (epoxy-) und einer C-1-Einheit (methano-) zusammengesetzte Brücke überbrückt. Da der Sauerstoffteil zuerst zu benennen ist, heißt diese Brücke epoxymethano-. Die Bezifferung der Brücke erfolgt von C-5 aus. Da der Sauerstoff das nächste und der Kohlenstoff das übernächste Atom ist, müssen auch die Locanten der Brückenköpfe entsprechend angegeben werden (5,3-epoxymethano-).

Perhydro-5,3-(epoxymethano)benzofuran

Beispiel 81: In dieser zu der Formel in *Beispiel 80* isomeren Verbindung verläuft die Epoxymethanobrücke von C-3 nach C-5. Diesem Umstand wird dadurch Rechnung

getragen, daß die Nennung der Brückenköpfe in umgekehrter Reihenfolge erfolgt
(3,5-epoxymethano-). Die Bezifferung der Brücke erfolgt gemäß den Regeln auch
hier von C-5 aus.

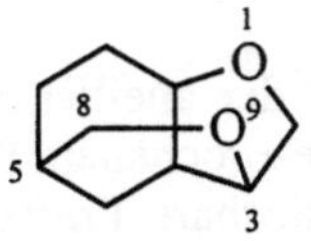

Perhydro-3,5-(epoxymethano)benzofuran

Übung 26: siehe Anhang II

7 Ringsequenzen

Als Ringsequenzen werden Verbindungstypen mit zwei oder mehreren cyclischen Systemen (Monocyclen oder anellierte Systeme) bezeichnet, die durch Einfach- oder Doppelbindungen direkt miteinander verknüpft sind; die Anzahl der direkten Ring-verknüpfungen muß jedoch um eins kleiner sein als die Anzahl der beteiligten cyclischen Systeme (*Beispiel 82*). Bei gleich großer Anzahl von beteiligten Ringsystemen und direkten Ringverknüpfungen liegt ein anelliertes polycyclisches System vor (*Beispiel 83*).

Beispiel 82: Ringsequenzen mit gleichen bzw. ungleichen Ringsystemen (je zwei Ringsysteme sind durch eine Ringverknüpfung verbunden).

Beispiel 83: Anelliertes Ringsystem (zwei Ringsysteme sind durch zwei Ringver-knüpfungen verbunden).

7.1 Gleiche Ringsysteme

Wie in *Beispiel 82* gezeigt wurde, muß zwischen Ringsequenzen mit gleichen und solchen mit ungleichen Ringsystemen unterschieden werden.

Da Ringsequenzen mit gleichen Ringsystemen in Arzneistoffen sehr selten anzutreffen sind, soll zur Nomenklierung dieses Verbindungstyps nur das Wichtigste angeführt werden. So erfolgt eine Beschränkung auf Systeme, die nur durch Einfachbindungen miteinander verknüpft sind.

Je nach Anzahl der beteiligten Systeme wird vor den Namen des Einzelsystems das entsprechende multiplizierende Affix (Bi-, Ter-, Quater-, Quinque-, Sexi-, Septi-usw.) gesetzt. Zur Kennzeichnung der Verknüpfungsstellen werden die entsprechenden Locanten (ungestrichene und gestrichene Ziffern) an den Anfang des Namens gesetzt.

Beispiel 84: Zwei Furanringe sind über die Atome 2 und 3′ miteinander verknüpft.

2,3′-Bifuran

Beispiel 85: Drei Cyclopropaneinheiten sind über die Atome 1,1′ und 2′,1″ miteinander verknüpft.

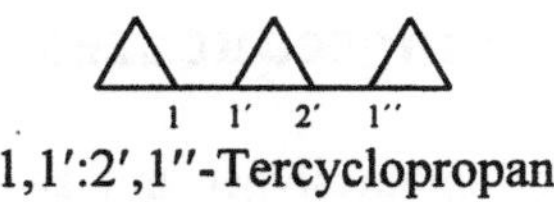

1,1′:2′,1″-Tercyclopropan

7.2 Ungleiche Ringsysteme

Ringsequenzen mit ungleichen Ringsystemen sind häufig vorkommende Verbindungstypen und finden sich auch in Arzneistoffstrukturen.

Prinzipiell geht man bei der Nomenklierung dieser Strukturen so vor, daß gemäß den im Folgenden aufgelisteten Prioritätsregeln das ranghöchste Ringsystem ermittelt wird (welches dann die Stammverbindung darstellt) und die nachrangigen Ringsysteme gemäß der substitutiven Nomenklatur als Präfixe genannt werden.

7.2.1 Kriterien zur Auswahl des ranghöchsten Ringsystems

Zur eindeutigen Auswahl des ranghöchsten Ringsystems werden in der systematischen Nomenklatur organischer Verbindungen 15 („**fünfzehn**") nach Priorität geordnete Kriterien benötig.

Als ranghöchstes Ringsystem ist jenes auszuwählen, auf welches eines der folgenden Kriterien zuerst zutrifft:
1. **das System mit der maximalen Anzahl an Suffixen**
2. Heterocyclen vor Carbocyclen
3. Heterocyclen untereinander nach Art, Anzahl und Position der Heteroatome gemäß den in Kap. 6.3.1 genannten Auswahlkriterien für die Basiskomponente in anellierten Heterocyclen
4. das System mit den meisten Ringen
5. der größte individuelle Ring
6. das System, in dem die größte Anzahl von Atomen mehreren Ringen gemeinsam angehört
7. das anellierte System, dessen Anellierungsstellen mit Buchstaben bezeichnet werden, die im Alphabet am weitesten vorne stehen (z.B. [3,2-b] vor [3,2-d])
8. das Ringsystem, dessen Anellierungsstellen mit der kleinsten Ziffernfolge bezeichnet werden (z.B. [1,2-a] vor [2,1-a] vor [2,3-a])
9. das am stärksten ungesättigte System
10. das System mit dem kleinsten Locanten für indizierten Wasserstoff
11. das System mit dem kleinsten Locanten für die Radikalstelle
12. das System, dessen Suffix den kleinsten Locanten hat
13. das System mit der größten Anzahl an Präfixsubstituenten
14. das System mit dem kleinsten Ziffernset für alle Präfixsubstituenten, Hydropräfixe, Doppelbindungs- und Dreifachbindungspositionen gemeinsam
15. das System mit dem kleinsten Locanten für das im Namen zuerst genannte Präfix

Gerade diese Auswahl stellt ein schönes Beispiel dafür dar, daß die Nomenklierung von Arzneistoffen häufig mit einer geringen Anzahl von Regeln auskommt. Arzneistoffe beinhalten nämlich in den meisten Fällen funktionelle Gruppen, die als

Suffixe zu bezeichnen sind, sodaß im Allgemeinen bereits das erste angeführte Kriterium eine Entscheidung herbeiführen wird. Dies wird exemplarisch durch die unten angeführte Übung gezeigt.

Übung 31: siehe Anhang II

8 Brückenverbindungen

Unter Brückenverbindungen versteht man primär gesättigte cyclische Systeme, die mindestens zwei Ringe mit zwei oder mehreren gemeinsamen Atomen ausbilden.

Die Bezeichnung dieser Polycyclen erfolgt in der Weise, daß vor den Namen des zugrundeliegenden offenkettigen, gesättigten Kohlenwasserstoffs die der Ringanzahl entsprechende nicht loslösbare Silbe **Bicyclo-, Tricyclo-** usw. gesetzt wird.

Die Anzahl der Ringe kann durch die sogenannte Scherenschnittmethode eruiert werden. Diese besagt, daß die Zahl der Scherenschnitte, die nötig ist, um aus einer Brückenverbindung einen offenkettigen Kohlenwasserstoff zu erhalten, der Anzahl der Ringe entspricht.

An dieser Stelle soll ausdrücklich auf einen äußerst wichtigen Unterschied bei der Nomenklierung von anellierten Ringsystemen und Brückenverbindungen hingewiesen werden: Während **anellierte Ringsysteme maximal ungesättigte Verbindungen** darstellen, deren Hydrierungsgrad durch die Silbe Hydro- (di-, tetra- usw.) und indizierte Wasserstoffe wiedergegeben werden muß, sind **Brückenverbindungen gesättigte cyclische Systeme**, deren Doppelbindungen durch die Silbe -en (-dien, -trien usw.) benannt werden.

8.1 Bicycloverbindungen

Wie die Silbe Bicyclo- bereits ausdrückt, bestehen diese Brückenverbindungen aus zwei Ringen, die mindestens zwei gemeinsame Atome besitzen.

Die Nomenklierung dieser Verbindungen unterliegt unabhängig davon, ob sie nur Kohlenwasserstoffe darstellen oder auch Heteroatome enthalten, prinzipiell gültigen Regeln, die primär an Kohlenwasserstoffen erläutert werden sollen.

8.1.1 Kohlenwasserstoffe

Zwischen der ringbildenden Silbe und der Bezeichnung des Kohlenwasserstoffs wird in eckigen Klammern die Anzahl der Kohlenstoffatome, welche die Brücken bilden, **in fallender Größe** angegeben.

Die Bezifferung erfolgt in der Weise, daß ein Brückenkopfatom die Ziffer 1 erhält und danach die Brücken nach fallender Größe durchnumeriert werden. Unter Beibehaltung dieser grundsätzlichen Regel erhalten zuerst Suffixe, dann Radikalstellen und zuletzt Mehrfachbindungen die noch möglichen niedrigsten Locanten.

Wie bereits in Kap. 5.2 erwähnt, werden Zweiringsysteme mit anelliertem drei- bzw. viergliedrigem Ring nicht als anellierte Ringsysteme, sondern als Bicycloverbindungen nomenkliert (unabhängig davon, ob die Ringe Heteroatome enthalten oder nicht).

Im Folgenden sollen nun an einigen Beispielen diese Nomenklaturregeln erläutert werden.

Beispiel 86: Das abgebildete Zweiringsystem (Bicyclo-) besteht aus insgesamt acht Kohlenstoffatomen (-octan). Die drei Brücken werden aus drei, zwei und einem Atom gebildet [3.2.1].

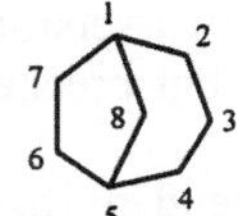

Bicylo[3.2.1]octan

Beispiel 87: Die drei Brücken des Bicycloheptens werden aus vier, einem und null Atomen gebildet. Es sind alle drei Brücken zu nennen, also auch die Brücke, die aus null Atomen besteht. Unter Beibehaltung der bereits erwähnten prinzipiellen Bezifferung wird das Suffix gegenüber der Doppelbindung bevorzugt numeriert.

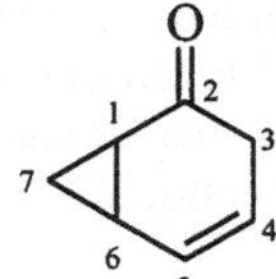

Bicyclo[4.1.0]hept-4-en-2-on

Beispiel 88: Bei diesem isomeren Bicycloheptenrest besitzt die Radikalstelle bei der Bezifferung Vorrang vor der Doppelbindung

Bicyclo[3.2.0]hept-3-en-2-yl

Beispiel 89: Da bei der Bezifferung weder ein Suffix noch eine Radikalstelle zu berücksichtigen sind, kann die Doppelbindung mit dem Locanten 2 versehen werden.

Bicyclo[3.2.0]hept-2-en

Zur Erstellung der Formel einer Brückenverbindung geht man in der Weise vor, daß zuerst die Brückenköpfe positioniert und danach die Brücken ihrer Atomanzahl entsprechend gezeichnet werden. Diese Vorgangsweise wird in *Übung 27* demonstriert.

Übung 27: siehe Anhang II

8.1.2 Heterocyclen

Zur Nomenklierung von Bicycloverbindungen, welche Heteroatome enthalten, wird die „a"-Nomenklatur herangezogen.

Zuerst wird der bicyclische Kohlenwasserstoff benannt und danach werden vor dessen Namen die den Heteroatomen entsprechenden „a"-Terme in fallender Reihung (s. Kap. 4.6) angegeben.

Die Bezifferung des zugrundeliegenden Kohlenwasserstoffs wird beibehalten. Nur bei noch vorhandener Wahlmöglichkeit werden möglichst niedrig beziffert:
1. die Heteroatome insgesamt (niedrigstes Set für die Heteroatome)
2. das ranghöchste Heteroatom
3. das Suffix
4. die Mehrfachbindungen
   Auch hier sollen einige Beispiele zur Erläuterung dienen.

Beispiel 90: Der zugrundeliegende Kohlenwasserstoff stellt ein Bicyclo[2.2.1]heptan dar, das entsprechend den Regeln für bicyclische Kohlenwasserstoffe beziffert wird. Das Kohlenstoffatom (C-7) in der kleinsten Brücke ist gegen Stickstoff ausgetauscht, sodaß vor den Namen des Kohlenwasserstoffs 7-Aza- gestellt wird.

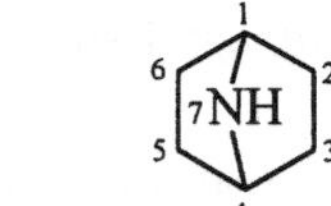

7-Azabicyclo[2.2.1]heptan

Beispiel 91: Da dieser Bicyclus einen Stickstoff als Brückenkopfatom besitzt, ist dieses Heteroatom mit dem Locanten 1 zu versehen. Damit ist die Gesamtbezifferung bereits vorgegeben; das zweite Heteroatom erhält den Locanten 5 und das Suffix die Ziffer 8.

5-Thia-1-azabicyclo[4.2.0]octan-8-on

Übungen 28, 29 und 33: siehe Anhang II

8.2 Tricycloverbindungen

Zur Benennung von Tricycloverbindungen wird zuerst der atomreichste Bicyclus gesucht und als solcher nomenkliert. Danach wird die vierte Brücke bezeichnet, wobei die Locanten der Brückenköpfe, von denen diese Nebenbrücke ausgeht, mit hochgestellten Ziffern genannt werden. Die Bezifferungsregeln entsprechen denen der Bicycloverbindungen.

Beispiel 92: Dieses tricyclische Ringsystem mit sieben Kohlenstoffatomen besteht formal aus einem Bicyclo[2.2.1]heptan, welches von C-2 nach C-6 eine vierte Brükke mit null Atomen ($0^{2,6}$) ausbildet.

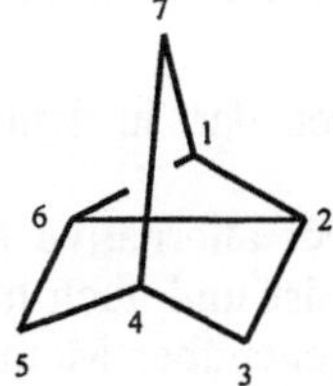

Tricyclo[2.2.1.$0^{2,6}$]heptan

Beispiel 93: Dieses Beispiel stellt eine heterocyclische Tricycloverbindung dar, die ebenfalls wie die entsprechende Bicycloverbindung mit einer zusätzlichen Brücke von C-2 nach C-4 bezeichnet wird. Da in dieser Verbindung zwei Brücken mit je drei Atomen vorliegen, wird gemäß den in Kap. 8.1.2 genannten Bezifferungsregeln die Brücke mit Sauerstoff zuerst numeriert.

3-Oxa-9-azatricyclo[3.3.1.$0^{2,4}$]nonan

Übung 30: siehe Anhang II

9 Spiroverbindungen

Spiroverbindungen stellen Strukturen dar, in denen zwei Ringsysteme **ein** gemeinsames Atom besitzen.

Die IUPAC-Regeln kennen zwei alternative Benennungsmethoden, von denen die Methode 1 jedoch vorzuziehen ist und auch hier ausführlicher besprochen werden soll. Die Methode 2, welche gegenüber Methode 1 keine Vorteile besitzt, teilweise umständlicher zu handhaben ist und bei Chemical Abstracts nicht mehr in Verwendung steht, wird nur kurz beschrieben, um auf diese Weise gebildete Nomenklaturen auflösen zu können.

9.1 Methode 1

Diese Methode unterscheidet prinzipiell zwischen Spiroverbindungen, die lediglich aus zwei Ringen gebildet werden, und solchen, an denen mindestens ein anelliertes System beteiligt ist.

9.1.1 Spiroverbindungen mit zwei Ringen

Zur Benennung dieser Zweiringsysteme wird vor den Namen des zugrundeliegenden gesättigten, offenkettigen Kohlenwasserstoffs die nicht loslösbare Silbe **Spiro-** gestellt. Die Anzahl der Atome der beiden Brücken wird **in steigender Größe** in eckigen Klammern zwischen Spiro- und der Bezeichnung des Kohlenwasserstoffs angegeben.

Zur Bezifferung wird neben dem Spiroatom (dasjenige Atom, welches beiden Ringen gemeinsam gehört) im kleineren Ring begonnen. Unter Beibehaltung der Zählrichtung wird zuerst die kleinere Brücke und über das Spiroatom dann die größere Brücke durchnumeriert. Es gelten die gleichen Prioritätsregeln wie bei Bicyclen.

Beispiel 94: Die abgebildete Spiroverbindung (Spiro-) besteht aus insgesamt acht Kohlenstoffatomen (-octan). Die beiden Brücken werden aus 3 bzw. 4 Atomen gebildet [3.4].

Spiro[3.4]octan

Enthalten solche Spiroverbindungen Heteroatome, wird die Bezifferung des Kohlenwasserstoffs prinzipiell beibehalten. Nur bei noch vorhandener Wahlmöglichkeit wird, wie bei den Bicycloverbindungen (s. Kap. 8.1.2) beschrieben, vorgegangen.

Beispiel 95: Da die Bezifferung bei Spiroverbindungen, die aus zwei Ringen zusammengesetzt sind, im kleineren Ring neben dem Spiroatom beginnen muß, könnte entweder der Kohlenstoff oder der Stickstoff die Ziffer 1 erhalten. Da aber bei Wahlmöglichkeit die Heteroatome insgesamt das niedrigste Set erhalten müssen, wird der Stickstoff mit dem Locanten 1 versehen.

3-Oxa-1-azaspiro[4.5]decan

Beispiel 96: In diesem Beispiel beträgt das Set für die Locanten der Heteroatome in jedem Fall 1 und 4, sodaß der ranghöhere Sauerstoff die Nummer 1 erhalten muß.

1-Oxa-4-azaspiro[4.5]decan

Übung 31: siehe Anhang II

9.1.2 Spiroverbindungen unter Beteiligung mindestens eines anellierten Systems

Wenn Spiroverbindungen unter Beteiligung mindestens eines anellierten carbocyclischen oder heterocyclischen Systems vorliegen, wird die Silbe Spiro- vor die in eckiger Klammer alphabetisch geordneten Namen der beiden Komponenten gesetzt.

Die Bezifferung der Einzelkomponenten erfolgt gesondert und wird beibehalten, wobei die zweitgenannte Komponente gestrichene Nummern erhält. Die auf diese Weise eruierten Locanten der Spirostelle, die möglichst niedrig zu wählen sind, werden zwischen den beiden Namen angegeben.

Da die Spiroverknüpfung zwei freie Valenzen benötigt, sind die gleichen Regeln für die Verwendung und das Setzen eines indizierten Wasserstoffs zu beachten, die bei polycyclischen Carbocyclen und Heterocyclen für das zweiwertige Suffix -on (s. Kap. 5.3.1 und 6.4.1) und den zweiwertigen Rest -yliden (s. Kap. 5.4.2 und 6.5.2) besprochen wurden.

Beispiel 97: Diese Spiroverbindung wird aus den Ringsystemen Cyclopentan und Inden gebildet. Da Inden einen indizierten Wasserstoff besitzt, muß dieser so gelegt werden, daß die Spiroverknüpfung ohne Änderung des Hydrierungsgrades möglich wird. Daher ist das 2H-Inden als Grundkörper zu wählen. In der Nomenklatur dieser Spiroverbindung wird der indizierte Wasserstoff also nicht durch die Spiroverknüpfung hervorgerufen. Cyclopentan erhält als alphabetisch erstgereihte Komponente ungestrichene Locanten, während Inden als zweitgereihtes Ringsystem mit gestrichenen Nummern versehen wird.

Spiro[cyclopentan-1,2'-[2H]inden]

Beispiel 98: Das Benzofuran besitzt keinen indizierten Wasserstoff, sodaß die zwei-bindige Spiroverknüpfung einen solchen verursacht. Er wird beim Locanten der Spirostelle des Benzofurans genannt.

Spiro[benzofuran-2(3H),3'-piperidin]

Übungen 32 und 33: siehe Anhang II

9.2 Methode 2

Bei Methode 2 wird nicht zwischen Spiroverbindungen mit nur zwei Ringen und solchen unter Beteiligung mindestens eines anellierten Ringsystems unterschieden.

Die Bezeichnung erfolgt in der Weise, daß zwischen den Namen des größeren Ringsystems und der Bezeichnung der kleineren Komponente die Silbe -spiro- ein-gefügt wird. Die beteiligten Ringsysteme werden gesondert numeriert und die Locan-ten der Spiroverknüpfung bei den jeweiligen Komponenten genannt. Auch hier er-hält die erstgenannte Komponente ungestrichene und die zweitgenannte gestrichene Nummern.

Der Nachteil dieser Methode gegenüber Methode 1 besteht darin, daß die Aus-wahl des größeren Ringsystems nicht immer ganz einfach ist und verschiedenen Regeln, auf die hier nicht näher eingegangen werden soll, unterliegt.

Beispiel 99: Der größere Ring Cyclopentan wird zuerst und das kleinere Cyclobutan danach genannt. Da die Spirostellen bei monocyclischen Carbocyclen jedenfalls an Position 1 sind, kann in diesem Fall die Angabe der Locanten entfallen.

Cyclopentanspirocyclobutan

Beispiel 100: Im Unterschied zu Methode 1, bei der die beiden Komponenten alpha-betisch geordnet werden (s. *Beispiel 97*), wird hier das Inden als größere Komponen-te zuerst genannt.

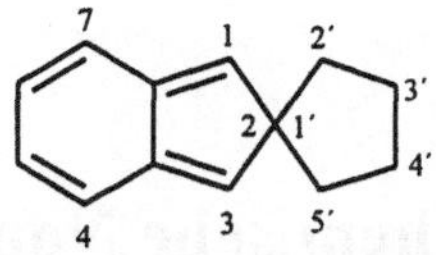

2H-Inden-2-spiro-1'-cyclopentan

Ein Vergleich zwischen beiden alternativen Methoden zur Benennung von Spiroverbindungen soll anhand der Nomenklierung des Antimycotikums Griseofulvin angestellt werden.

Beispiel 101: Mit diesem Beispiel kann ein weiterer Vorteil von Methode 1 aufgezeigt werden. Während bei Methode 2 sowohl Präfixe als auch Suffixe bei den jeweiligen Komponenten genannt werden müssen, können bei Methode 1 dieselben vor bzw. nach dem Klammerausdruck zusammengefaßt werden.

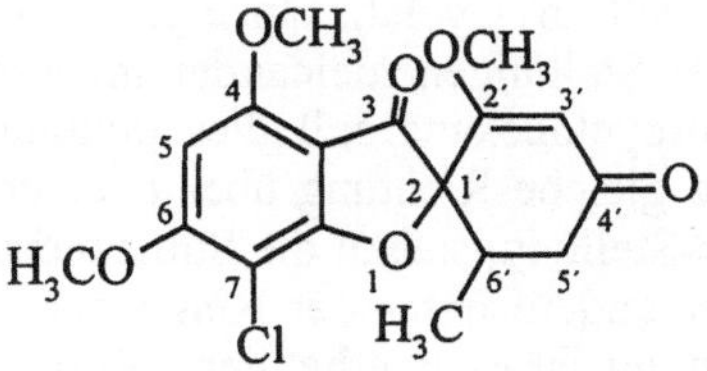

Methode 1: 7-Chlor,2',4,6-trimethoxy-6'-methylspiro[benzofuran-2(3H),1'-[2]-cyclohexen]-3,4'-dion
Methode 2: 7-Chlor-4,6-dimethoxybenzofuran-3-on-2(3H)-spiro-1'-(2'-methoxy-6'-methyl-2'-cyclohexen-4'-on)

10 Stereochemische Nomenklatur

Da eine Vielzahl von Arzneistoffen sterisch eindeutige Strukturen aufweisen, ist es nötig, sich im Rahmen einer systematischen Nomenklierung vor allem dieser Verbindungen mit Aspekten der stereochemischen Nomenklatur auseinanderzusetzen.

Im Rahmen dieses Kapitels werden die Stereoisomerie an Ringverbindungen und Doppelbindungen sowie die Angabe der Absolutkonfiguration asymmetrischer Kohlenstoffatome erläutert.

10.1 Stereoisomerie an Ringverbindungen

In Ringverbindungen, speziell in Cyclohexanringen, können zwei Substituenten prinzipiell in zwei möglichen Stellungen zueinander angeordnet sein.

Anhand des 1,2-Dichlorcyclohexans soll dies dokumentiert werden. Sind die beiden Substituenten in die gleiche Richtung über oder unter der Ringebene angeordnet, spricht man von **cis**-Stellung, stehen die Substituenten in verschiedene Richtungen (einer über und der andere unter der Ringebene), spricht man von **trans**-Stellung. Für diese Zuordnung ist es unerheblich, ob die Substituenten axial oder äquatorial angeordnet sind.

Beispiel 102: Die beiden Stellungen sind in zwei verschiedenen Schreibweisen wiedergegeben. Besonders die sterische Zeichenweise des Cyclohexans in der Sesselform gibt die beiden stereoisomeren Alternativen deutlich wieder.

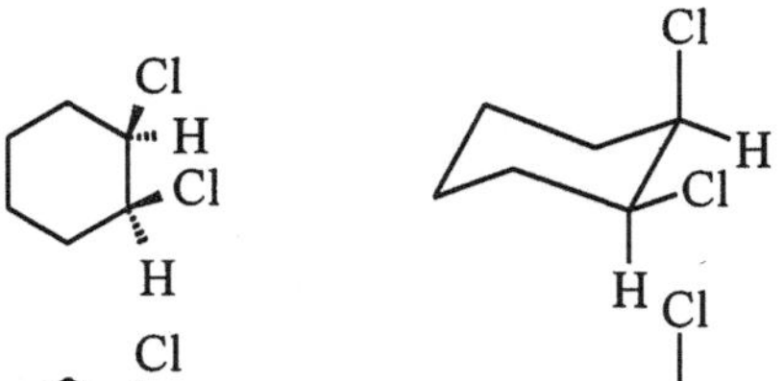

In gleicher Weise kann zwischen zwei verschiedenen Möglichkeiten der Verknüpfung von Ringen unterschieden werden. Anhand des aus zwei Cyclohexanringen bestehenden Decalins (Decahydronaphthalin), das sich als Partialstruktur im Vierringsystem der Steroide (s. Kap. 11) wiederfindet, werden die beiden prinzipiellen Varianten der Ringverknüpfung gezeigt.

Beispiel 103: Zeigen beide Valenzen an der Verknüpfungsstelle in eine Richtung, liegt das cis-Isomere vor. Weisen sie in verschiedene Richtungen, wird das trans-Isomere wiedergegeben.

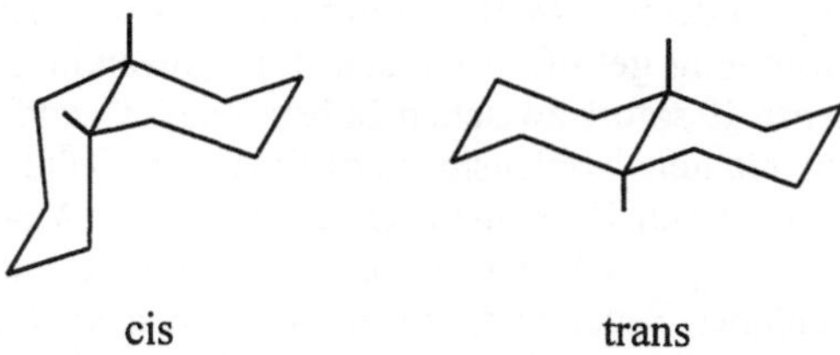

cis   trans

10.2 Stereoisomerie an Doppelbindungen

An unsymmetrisch substituierten Doppelbindungen kann ebenfalls zwischen **cis**- und **trans**-Isomeren unterschieden werden, je nachdem, ob die Wasserstoffe an den beiden vicinalen Kohlenstoffatomen in die gleiche oder in die entgegengesetzte Richtung zeigen.

Ist eine Doppelbindung jedoch höher substituiert, kann nicht mehr ohne zusätzliche, oft umständliche Angaben eine cis/trans-Zuordnung getroffen werden.

Um in solchen Fällen eine eindeutige Aussage treffen zu können, wird die **Sequenzregel nach Cahn-Ingold-Prelog** angewandt. Bei der Anwendung dieser Regel geht man in der Weise vor, daß an jedem Kohlenstoffatom der Doppelbindung die unmittelbar folgenden Atome eruiert werden. Bei unterschiedlichen Atomen wird dasjenige mit der höheren Ordnungszahl (OZ) mit dem Buchstaben „a", das mit der niedrigeren OZ mit „b" bezeichnet. Ist noch keine eindeutige Zuordnung der Atome möglich, werden die Folgeatome nach fallender OZ gereiht und nach der Reihe miteinander verglichen. Das Atom, welches nun zuerst das höherrangige Folgeatom (höhere OZ) aufweist, wird mit dem Buchstaben „a" bezeichnet. Stehen die beiden mit „a" gekennzeichneten Substituenten auf der **gleichen Seite**, ist die Doppelbindung **Z-konfiguriert** (Zusammen), stehen sie auf **verschiedenen Seiten**, ist sie **E-konfiguriert** (Entgegen).

Zur exakten Befolgung der Sequenzregel ist zu beachten, daß ein Atom an einer Doppelbindung zweifach, eines an einer Dreifachbindung dreifach zu berücksichtigen ist.

Die beschriebene Vorgangsweise unter Anwendung der Sequenzregel soll nun an zwei Beispielen erläutert werden.

Beispiel 104: Die Doppelbindung in der abgebildeten 2-Butensäure ist eindeutig cis-konfiguriert, da beide Wasserstoffatome in eine Richtung weisen. Bei Anwendung der Sequenzregel (jedes Kohlenstoffatom der Doppelbindung besitzt einen Wasserstoff und einen Kohlenstoff) zeigt sich, daß die mit „a" bzw. „b" gekennzeichneten Substituenten auf der gleichen Seite stehen und die Doppelbindung daher Z-konfiguriert ist.

cis-2-Butensäure
(Z)-2-Butensäure

Beispiel 105: In der abgebildeten 2-Methyl-2-butensäure kann nicht mehr ohne weiteres eine cis/trans-Zuordnung getroffen werden. Bei Anwendung der Sequenzregel kann am linken Kohlenstoff sofort zwischen Substituent „a" und „b" unterschieden werden, nicht aber am rechten Kohlenstoff (zweimal C). Daher müssen in einem weiteren Schritt die von diesen Kohlenstoffen ausgehenden Atome erfaßt werden, und zwar für die Methylgruppe 3x H und für die Carboxylfunktion 3x O (ein einfach und ein doppelt gebundener Sauerstoff). Damit ist nun auch hier die Zuordnung möglich. Die mit „a" bezeichneten Substituenten zeigen auf verschiedene Seiten, sodaß dieser Doppelbindung E-Konfiguration zuzuweisen ist.

(E)-2-Methyl-2-butensäure

Übung 38: siehe Anhang II

10.3 Die Absolutkonfiguration asymmetrischer Kohlenstoffatome

Zur Bestimmung der Absolutkonfiguration asymmetrischer Kohlenstoffatome wird ebenfalls die **Sequenzregel nach Cahn-Ingold-Prelog** herangezogen.

Man bestimmt unter Zuhilfenahme der vorhin bereits erwähnten Kriterien die „Schwere" der vier Substituenten am asymmetrischen Kohlenstoffatom und ordnet dem schwersten Substituenten den Buchstaben „a", dem nächsten „b", dem dritten „c" und dem leichtesten „d" zu. Unter der Vorstellung, daß die Substituenten „a", „b" und „c" einen Trichter bilden, beurteilt man, ob in den Trichter Einblick möglich ist oder nicht. Man hat Einblick in diesen Trichter, wenn der leichteste Substituent „d" hinter die Papierebene ragt (strichlierte Bindung), keinen Einblick hingegen, wenn „d" vor die Papierebene zeigt (stark ausgezogene Bindung). Bei **Einblick** in den Trichter wird ein Bogen von „a" **über** „b" **nach** „c", bei **keinem Einblick** dagegen von „c" **über** „b" **nach** „a" gezogen. Wird der Bogen im Uhrzeigersinn gezogen, ist das Kohlenstoffatom **R-konfiguriert** (Recte = rechts), verläuft er gegen den Uhrzeigersinn, ist es **S-konfiguriert** (Sinister = links).

Beispiel 106: Die Zuordnung der Buchstaben „a–d" an die vier Liganden des abgebildeten asymmetrischen Kohlenstoffatoms ist bereits im ersten Schritt möglich. Da der leichteste Substituent („d") hinter die Papierebene ragt, besteht Einblick in den aus „a", „b" und „c" gebildeten Trichter. Da der von „a" über „b" nach „c" gezogene Bogen im Uhrzeigersinn verläuft, ist das Kohlenstoffatom R-konfiguriert.

Einblick: a→b→c im Uhrzeigersinn: R-Konfiguration

Beispiel 107: Die Zuordnung mit den Buchstaben „a–d" erfolgt in gleicher Weise wie in *Beispiel 106*. Allerdings weist hier „d" vor die Papierebene, sodaß in den aus den Liganden „a–c" gebildeten Trichter kein Einblick möglich ist. Daher wird der Bogen von „c" über „b" nach „a" gezogen. Da der Bogen auch hier im Uhrzeigersinn verläuft, ist ebenfalls R-Konfiguration gegeben.

kein Einblick: c→b→a im Uhrzeigersinn: R-Konfiguration

Im folgenden Beispiel soll anhand des Cephalosporin-Antibioticums Cefaclor die Kombination von systematischer und stereochemischer Nomenklatur gezeigt werden.

Beispiel 108: Die Verbindung wird zunächst systematisch als substituierte, Heteroatome enthaltende Bicycloverbindung bezeichnet. Das 5-Thia-1-azabicyclo[4.2.0]-oct-2-en trägt als Suffix eine Carboxylfunktion an C-2 und als Präfixe in den Positionen 3, 7 und 8 einen Chlorsubstituenten, einen 2-Amino-2-phenylacetylaminorest und eine Oxofunktion. Die Locanten für die Stellung der Aminogruppe und des Phenylrestes könnten auch weggelassen werden, da an der Acetylgruppe nur die Substitutionsmöglichkeit an C-2 besteht. Ohne Berücksichtigung der Stereochemie ergibt sich daher die angegebene Bezeichnung.

7-(2-Amino-2-phenylacetylamino)-3-chlor-8-oxo-5-thia-1-aza-
bicyclo[4.2.0]oct-2-en-2-carbonsäure

Die Absolutkonfiguration der beiden asymmetrischen Kohlenstoffatome 6 und 7 wird nun mit Hilfe der Sequenzregel bestimmt. Während bei C-6 nach dem ersten Schritt bereits die Zuordnung getroffen werden kann, muß bei C-7 zwischen „b" und „c" ein weiterer Bestimmungsschritt durchgeführt werden.

7R

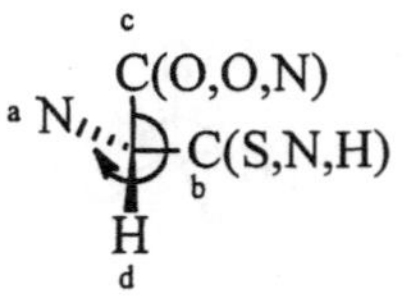
c
C(O,O,N)
a N
C(S,N,H)
b
H
d

6R

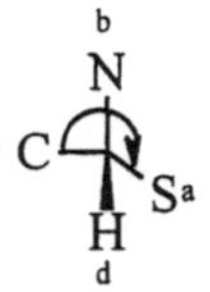
b
N
c C
Sa
H
d

Wie zu sehen ist, muß an C-7 zwischen den Sequenzen S,N,H und O,O,N unterschieden werden. Es zeigt sich hier, daß die exakte Reihung der Atome nach fallender Ordnungszahl besonders wichtig ist, da immer in der Weise verfahren wird, daß bis zum ersten Unterschied jeweils das erste mit dem ersten Atom, das zweite mit dem zweiten und das dritte mit dem dritten verglichen wird. Im konkreten Fall erhält das C-Atom mit dem Schwefel den Zuschlag für „b", da Schwefel eine höhere OZ besitzt als Sauerstoff. Da bei beiden Atomen kein Einblick in den Trichter möglich ist, wird der Bogen von „c" über „b" nach „a" gezogen. Die Richtung im Uhrzeigersinn ergibt für beide Atome R-Konfiguration.

Die in der oben beschriebenen Weise erstellten sterischen Angaben werden in Klammern vor die Nomenklatur gesetzt, sodaß sich für Cefaclor die unten angeführte Gesamtbezeichnung ergibt.

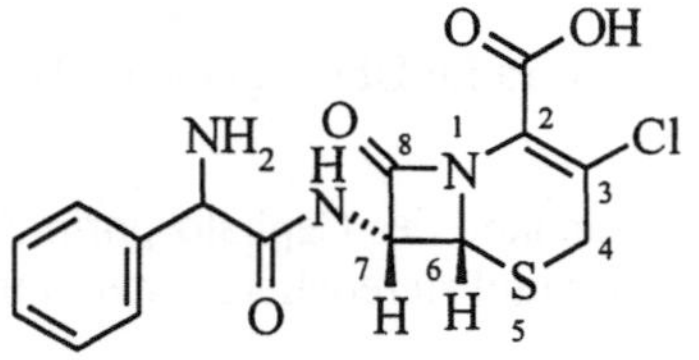
O
OH
NH2
O
H
N
8
1
N
2
Cl
3
4
7
6
S
5
O
H
H

(6R,7R)-7-(2-Amino-2-phenylacetylamino)-3-chlor-8-oxo-5-thia-1-azabicyclo[4.2.0]oct-2-en-2-carbonsäure

Übungen 34 und 38: siehe Anhang II

11 Steroide

Die Steroide stellen eine außerordentlich wichtige Wirkstoffgruppe mit einem enorm breiten pharmakologischen Spektrum dar. Dieser Verbindungsklasse liegt das abgebildete gesättigte Vierringsystem „Perhydrocyclopentaphenanthren" zugrunde.

Die systematische Nomenklierung der Steroide geht von einer Reihe trivial bezeichneter Grundkörper aus.

Die vier Ringe des Grundsystems werden mit den Großbuchstaben A–D bezeichnet. Die unsystematische Bezifferung, die jedenfalls beibehalten wird, beginnt im Ring A, folgt einer „Schleife" über die Ringe B und C und endet in Ring D.

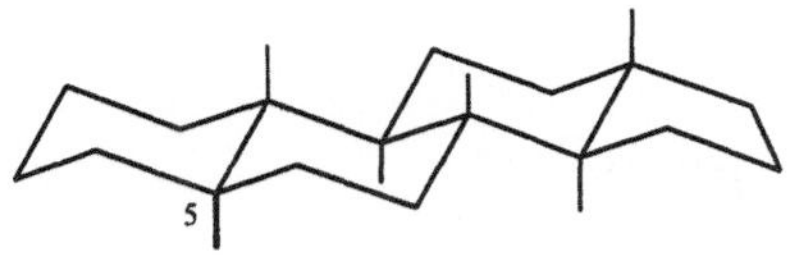

Alle Kohlenstoffatome, die an einer Ringverknüpfung beteiligt sind (C-5, C-8, C-9, C-10, C-13 und C-14), besitzen asymmetrischen Charakter. Mit Ausnahme des C-5 ist die Konfiguration dieser Atome in den im Folgenden angeführten Trivialnamen festgelegt und in diesen Namen auch enthalten. Lediglich die Konfiguration des C-5 muß, soferne es keine Doppelbindung trägt und damit seinen asymmetrischen Charakter verliert, jeweils festgelegt werden. Dies geschieht in der Weise, daß die Stellung des Wasserstoffs an C-5 angegeben wird. Steht der Wasserstoff **unterhalb** der Ringebene, liegt ein **5α-Steroid** vor, kommt er **oberhalb** der Ringebene zu stehen, handelt es sich um ein **5β-Steroid**. Wenn die Stellung nicht zugeordnet werden kann, wird dies mit dem griechischen Buchstaben ξ (die deutsche Aussprache ist xi) ausgedrückt. Später wird noch an verschiedenen Beispielen gezeigt, daß die griechischen Buchstaben α und β generell für die Angabe der Stellung von Substituenten am Ringsystem Verwendung finden.

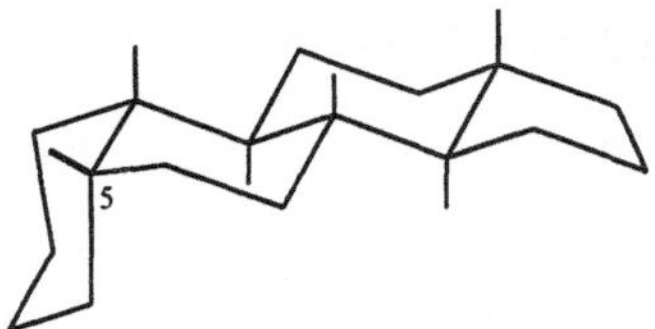

5α-Steroid
        5β-Steroid

In der Folge werden nun die als Basis für die Nomenklierung von Steroiden verwendeten trivial bezeichneten Grundkörper angeführt. Vom zugrundeliegenden unsubstituierten Vierringsystem leiten sich alle weiteren Verbindungen durch immer weitergehende Substitution mit verschiedenen Alkylgruppen ab. Die Namen können mit allen Elementen der substitutiven Nomenklatur und der Austauschnomenklatur kombiniert werden. Sie können auch als Teil größerer Ringsysteme in Form einer Anellierungskomponente oder als Teil einer Spiroverbindung verwendet werden.

Gonan: 17 C-Atome
Das Gonan stellt das unsubstituierte Vierringsystem dar.

Estran (Östran): 18 C-Atome
Das Estran leitet sich vom Gonan durch Substitution einer Methylgruppe an C-13 ab.

Androstan: 19 C-Atome
Das Androstan trägt eine weitere Methylgruppe an C-10.

Pregnan: 21 C-Atome
Das Androstan ist an C-17 durch eine β-ständige Ethylgruppe substituiert. Dadurch wird das C-17 asymmetrisch.

Cholan: 24 C-Atome
Eine Propylgruppe wird an das C-20 substituiert, wodurch dieses asymmetrischen Charakter erhält und R-konfiguriert ist.

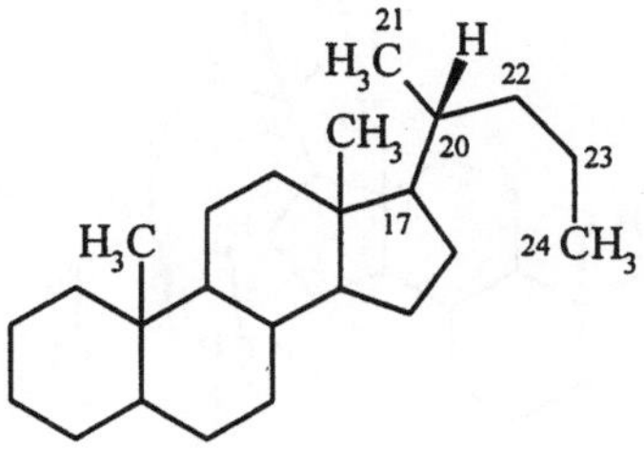

Cholestan: 27 C-Atome
An das C-24 wird eine weitere 3-C-Einheit in Form einer Isopropylgruppe substituiert.

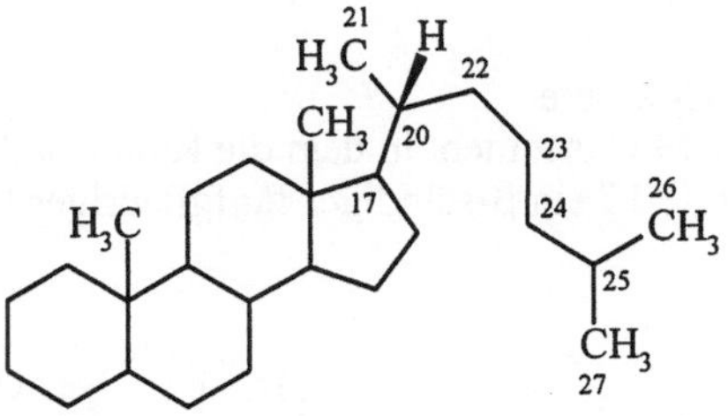

Ergostan: 28 C-Atome
Das C-24 wird mit einer Methylgruppe weitersubstituiert und dadurch asymmetrisch. Auf Grund der Stellung der Substituenten besitzt es S-Konfiguration.

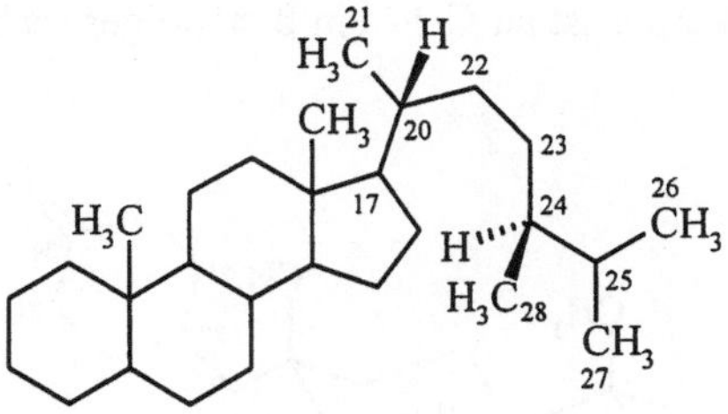

Stigmastan: 29 C-Atome
Im Gegensatz zum Ergostan trägt das C-24 eine Ethylgruppe und ist auf Grund der
gegensätzlichen Anordnung der Substituenten R-konfiguriert.

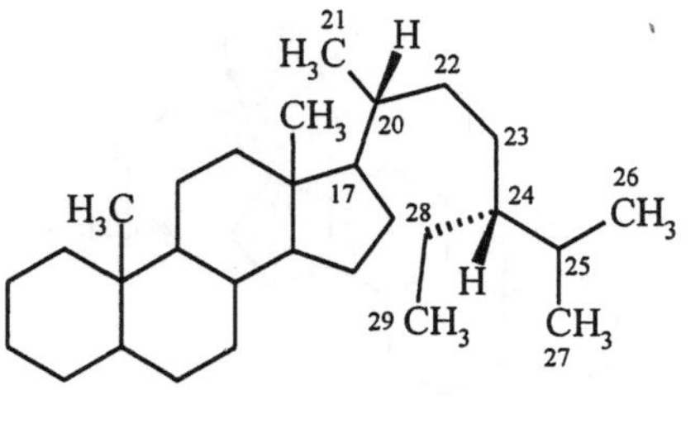

Die beiden folgenden ebenfalls trivial bezeichneten Ringsysteme stellen 5β,14β-
Steroide dar. Allerdings wird bei der Bezeichnung dieser Verbindungen auf die An-
gabe der 14β-Stellung häufig verzichtet, da sie als selbstverständlich erachtet wird.
Weiters ist zu vermerken, daß in den Trivialnamen die Lactonfunktionen in den
Heterocyclen durch die Endung **-olid** gekennzeichnet werden und damit die
höchstrangige Funktionalität bereits als Suffix benannt ist.

5β,14β-Cardanolid: 23 C-Atome
An den Grundkörper mit 19 C-Atomen, in dem die Ringe A/B und C/D cis verknüpft
sind (s. Kap. 10.1), ist an C-17 ein β-ständiger fünfgliedriger Lactonring substituiert.

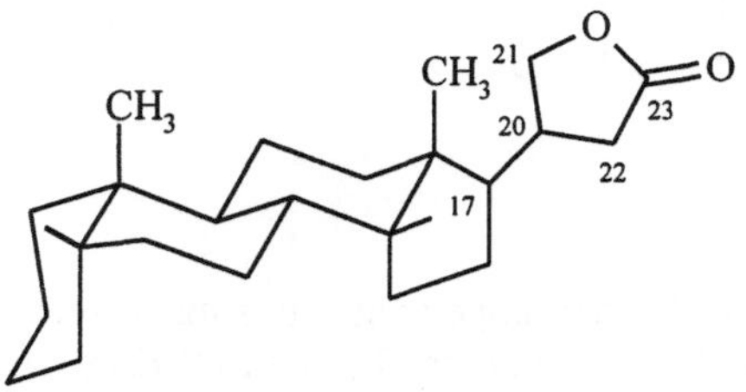

5β,14β-Bufanolid: 24 C-Atome
An den gleichen Grundkörper ist an C-17 ein β-ständiger sechsgliedriger Lactonring
substituiert.

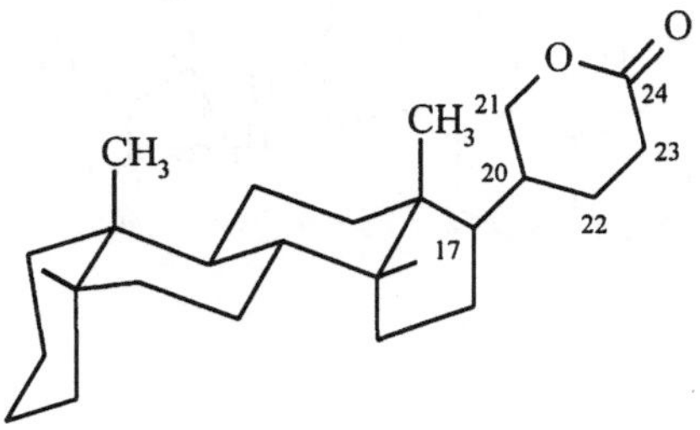

In den nun folgenden Beispielen soll die Anwendung verschiedener systematischer Nomenklaturelemente unter Verwendung der oben angeführten Trivialnamen demonstriert werden.

Beispiel 109: Der Verbindung liegt ein abgeändertes Pregnangrundskelett zugrunde. Der Ring A ist um eine CH_2-Einheit verkleinert (A-nor), während der Ring B um eine CH_2-Einheit vergrößert ist (B-homo). Die beiden Silben sind nicht loslösbar und werden unmittelbar vor den Namen des Grundkörpers gesetzt (homo vor nor). Um die Bezifferung des Gesamtringsystems beibehalten zu können, wird in Ring A das nicht an der Anellierung beteiligte höchstbezifferte C-Atom ausgelassen (C-4) und in Ring B das zusätzliche C-Atom mit dem Locanten des nicht an der Anellierung beteiligten höchstbezifferten Atoms C-7 und dem Buchstaben a versehen (C-7a). Da die Ringverknüpfung an C-5 nicht eindeutig ist, muß sie mit dem griechischen Buchstaben ξ angegeben werden. Die Hydroxygruppe in Position 11 steht oberhalb der Ringebene und ist daher β-ständig. Die α-Ständigkeit der Hydroxygruppe an C-17 muß nicht angegeben werden, da im Namen Pregnan die β-Ständigkeit der Kohlenstoffseitenkette vorweggenommen ist und daher für einen weiteren Substituenten nur mehr die α-Stellung in Frage kommt. Dies bedeutet, daß die Angabe der Stellung für einen Zweitsubstituenten an einem sterisch bereits eindeutig charakterisierten C-Atom entfallen kann. Die weiteren Nomenklaturelemente wie Doppelbindung, Präfixe und Suffix werden nach den Regeln der substitutiven Nomenklatur verwendet.

Beispiel 110: Das auf der nächsten Seite abgebildete Cholecalciferol (Vitamin D_3) stellt einen Vertreter der sogenannten Secosteroide dar. Durch „Addition von H_2" an die Atome 9 und 10 wird die Bindung zwischen den beiden formal aufgeschnitten, sodaß der Ring B im zugrundeliegenden Cholestan geöffnet wird. Um diese Änderung des Steroidskeletts besser nachvollziehen zu können, sind sämtliche C-Atome mit ihren Locanten versehen. Die exocyclische Doppelbindung geht von C-10 aus und führt zu C-19. Um diese Lage nomenklatorisch auszudrücken (die Angabe des Locanten 10 alleine würde bedeuten, daß die Doppelbindung zu C-11 gehen würde, was hier jedoch prinzipiell unmöglich ist), wird nach der Nummer des Ausgangsatoms diejenige des Zielatoms in Klammer angegeben [-10(19)-]. Die Doppelbindungen C-5/C-6 und C-7/C-8 sind Z- bzw. E-konfiguriert (s. Kap. 10.2) und die Hydroxygruppe an C-3 ist β-ständig. Durch die Verwendung des additiven Nomenklaturelements seco- ist auch hier die Beibehaltung des Trivialnamens des zugrundeliegenden Steroidkohlenwasserstoffs möglich.

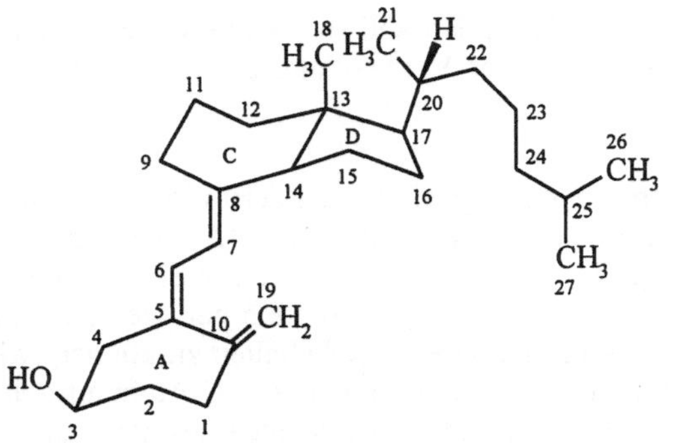

(5Z,7E)-9,10-Secocholesta-5,7,10(19)-trien-3β-ol

Beispiel 111: In diesem Beispiel stellt das Estren, dessen Ringe A und B auf Grund der Doppelbindung und zur besseren Verdeutlichung des sp²-Charakters des C-5 in der Wannenform dargestellt sind, die anellierte Komponente einer Spiroverbindung dar. Die Vorgangsweise der Nomenklierung folgt den in Kap. 9.1.2 besprochenen Regeln, woraus sich die unten angeführte Bezeichnung ergibt.

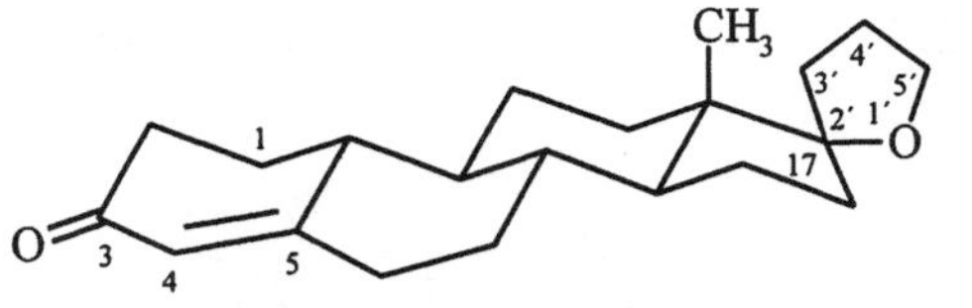

4',5'-Dihydrospiro[estr-4-en-17,2'[3H]-furan]-3-on

Beispiel 112: Auch die Austauschnomenklatur (s. Kap. 4.6) kann im Zusammenhang mit den Trivialnamen verwendet werden. Das abgebildete Androstan, dessen C-5 α-konfiguriert ist, weist im Ring A als Ringatom in Position 2 einen Sauerstoff auf, der mit seinem „a-Term" genannt wird. Von den beiden Substituenten an C-17 wird nur der Erstgenannte sterisch charakterisiert. Der andere Substituent kann sich nur mehr in der anderen Stellung befinden.

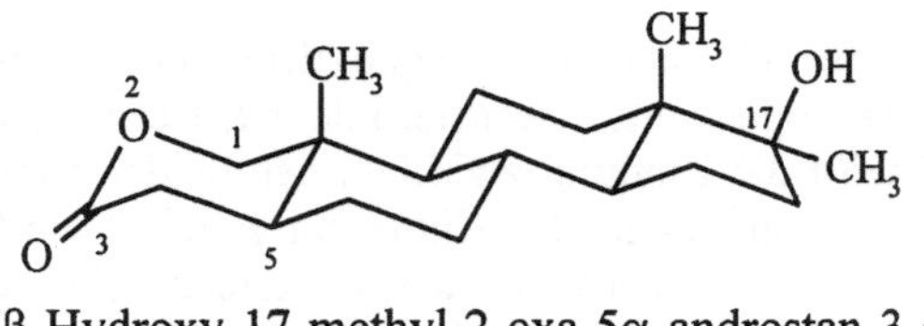

17β-Hydroxy-17-methyl-2-oxa-5α-androstan-3-on

Beispiel 113: Die trivial bezeichneten Steroidkohlenwasserstoffe können auch als Teil anellierter Ringsysteme auftreten. Im Gegensatz zur generellen Regel, daß Heterocyclen Vorrang gegenüber Carbocyclen bei der Wahl der Basiskomponente besitzen (s. Kap. 6.3.1), stellt seit einer Regeländerung im Jahr 1989 das Steroid die Basis dar. Die anellierte heterocyclische Komponente erhält gestrichene Locanten, da auch das Steroid numeriert wird und bei der Angabe der Anellierungsstelle nicht die Seite, sondern die Nummern der beteiligten C-Atome angegeben werden. Die Locanten der an der Anellierung beteiligten C-Atome beider Komponenten werden durch einen Doppelpunkt getrennt. Weiters ist zu bemerken, daß die Anellierungsdoppelbindung nur im Heterocyclus, nicht aber im Steroid genannt wird. Daher liegt nomenklatorisch ein Androst-4-en und nicht ein Androsta-2,4-dien vor.

2'-Methyl-2'H-pyrazolo[4',3':2,3]androst-4-en

Beispiel 114: Dieser Verbindung liegt das 5β,14β-Cardanolid zugrunde. Die Doppelbindung im Lactonring geht von C-20 aus, führt jedoch nicht zu C-21, sondern zu dem ebenfalls benachbarten C-22. Daher muß, wie schon in *Beispiel 110* erläutert, nach dem Locanten des Ausgangsatoms die Nummer des Zielatoms in Klammern angegeben werden (Card-20(22)-enolid). Das C-19 ist zur Aldehydfunktion aufoxidiert, die als Präfix zu benennen ist, da als Suffix das Lacton mit der Silbe -olid bezeichnet wird.

3β,5,14-Trihydroxy-19-oxo-5β,14β-card-20(22)-enolid

Übungen 35, 36 und 37: siehe Anhang II

12 Prostaglandine

Die Nomenklierung der Gruppe der Prostaglandine basiert ebenfalls auf einem trivial bezeichneten Kohlenwasserstoff, der **Prostan** genannt wird. Es handelt sich um einen 20 C-Atome umfassenden Grundkörper, der aus einem mit einer Heptan- und einer Octanseitenkette substituierten Cyclopentanring besteht. Im Trivialnamen enthalten sind die α-Stellung der Heptankette und die β-Stellung der Octankette. Die Bezifferung beginnt beim endständigen C-Atom der kürzeren Kette, verläuft dann im Ring gegen den Uhrzeigersinn und endet am äußersten C-Atom der längeren Kette.

Auch dieser trivial bezeichnete Grundkörper kann mit den Elementen der substitutiven Nomenklatur kombiniert werden, was an einem Beispiel gezeigt werden soll.

Beispiel 115: Im zugrundeliegenden Prostadien ist das C-1 zur Säure aufoxidiert. Normalerweise muß der Locant für das Säuresuffix nicht genannt werden, da es als endständige Gruppe immer die Ziffer 1 erhält. Im Fall des Prostans liegen aber zwei inäquivalente Kettenenden vor, sodaß das C-Atom, welches als Säure vorliegt, angegeben werden muß. Zur Vervollständigung der Nomenklatur müssen die nötigen sterischen Angaben getätigt werden. Während die Stereoisomerie der beiden Doppelbindungen sowie die Absolutkonfiguration des C-15 unter Zuhilfenahme der Sequenzregel nach Cahn-Ingold-Prelog (s. Kap. 10.2 und 10.3) bestimmt werden, kann die Stellung der beiden Hydroxygruppen im Cyclopentanring, wie bei den Steroiden in Kap. 11 besprochen, angegeben werden. Die sterischen Gegebenheiten werden in Klammer vor der systematischen Nomenklatur genannt.

(5Z,9α,11α,13E,15S)-9,11,15-Trihydroxyprosta-5,13-dien-1-säure

Übung 38: siehe Anhang II

Anhang I

In diesem Anhang wird eine Auswahl von gebräuchlichen Trivialnamen, die von der IUPAC beibehalten wurden, aufgelistet.

Trivialnamen, die zwar nicht von der IUPAC übernommen wurden, jedoch *im pharmazeutischen Sprachgebrauch* verwendet werden, sind *kursiv* gedruckt.

Bei den Säuren werden neben ihren Trivialnamen auch die Bezeichnungen der entsprechenden Acylreste genannt. Die Formelabbildungen beschränken sich aber auf die Wiedergabe der Säuren. Die Formel des jeweiligen Acylrestes kann einfach durch Entfernen der OH-Gruppe(n) aus der COOH-Funktion generiert werden. An die Stelle der OH-Gruppe(n) tritt jeweils eine freie Valenz. Da bei Oxalessigsäure, Asparaginsäure und Glutaminsäure verschiedene Reste trivial bezeichnet werden, wird auch die Formel des jeweiligen Restes angeführt.

Carbonsäuren und ihre Radikale

Säure	Acylrest	Formel

Gesättigte aliphatische Carbonsäuren

Säure	Acylrest	Formel
Ameisensäure	Formyl	$HCOOH$
Essigsäure	Acetyl	$H_3C-COOH$
Propionsäure	Propionyl	H_3C-CH_2-COOH
Buttersäure	Butyryl	$H_3C-(CH_2)_2-COOH$
Isobuttersäure	Isobutyryl	$(H_3C)_2CH-COOH$
Valeriansäure	Valeryl	$H_3C-(CH_2)_3-COOH$
Isovaleriansäure	Isovaleryl	$(H_3C)_2CH-CH_2-COOH$
Pivalinsäure	Pivaloyl	$(H_3C)_3C-COOH$
Laurinsäure	Lauroyl	$H_3C-(CH_2)_{10}-COOH$
Myristinsäure	Myristoyl	$H_3C-(CH_2)_{12}-COOH$
Palmitinsäure	Palmitoyl	$H_3C-(CH_2)_{14}-COOH$
Stearinsäure	Stearoyl	$H_3C-(CH_2)_{16}-COOH$

Gesättigte aliphatische Dicarbonsäuren

Säure	Acylrest	Formel
Oxalsäure	Oxalyl	$HOOC-COOH$
Malonsäure	Malonyl	$HOOC-CH_2-COOH$
Bernsteinsäure	Succinyl	$HOOC-(CH_2)_2-COOH$
Glutarsäure	Glutaryl	$HOOC-(CH_2)_3-COOH$
Adipinsäure	Adipoyl	$HOOC-(CH_2)_4-COOH$
Pimelinsäure	Pimeloyl	$HOOC-(CH_2)_5-COOH$
Korksäure	Suberoyl	$HOOC-(CH_2)_6-COOH$
Azelainsäure	Azelaoyl	$HOOC-(CH_2)_7-COOH$

Säure	Acylrest	Formel
Sebacinsäure	Sebacoyl	$HOOC-(CH_2)_8-COOH$

Ungesättigte aliphatische Mono- und Dicarbonsäuren

Säure	Acylrest	Formel
Acrylsäure	Acryloyl	$H_2C=CH-COOH$
Methacrylsäure	Methacryloyl	$H_2C=C(CH_3)-COOH$
Crotonsäure (trans)	Crotonoyl	$H_3C-CH=CH-COOH$
Ölsäure (cis)	Oleoyl	$H_3C-(CH_2)_7-CH=CH-(CH_2)_7-COOH$
Elaidinsäure (trans)	Elaidoyl	$H_3C-(CH_2)_7-CH=CH-(CH_2)_7-COOH$
Maleinsäure (cis)	Maleoyl	$HOOC-CH=CH-COOH$
Fumarsäure (trans)	Fumaroyl	$HOOC-CH=CH-COOH$

Carbocyclische Carbonsäuren

Säure	Acylrest	Formel
Benzoesäure	Benzoyl	C_6H_5-COOH
Phthalsäure	Phthaloyl	$o-C_6H_4(COOH)_2$
Isophthalsäure	Isophthaloyl	$m-C_6H_4(COOH)_2$
Terephthalsäure	Terephthaloyl	$p-C_6H_4(COOH)_2$
Zimtsäure (trans)	Cinnamoyl	$C_6H_5-CH=CH-COOH$

Heterocyclische Carbonsäuren

Säure	Acylrest	Formel
Nicotinsäure	Nicotinoyl	(Pyridin-3-carbonsäure)
Isonicotinsäure	Isonicotinoyl	(Pyridin-4-carbonsäure)

Hydroxy- und Alkoxycarbonsäuren und ihre Radikale

Säure	Acylrest	Formel
Glycolsäure	Glycoloyl	$HO-CH_2-COOH$
Milchsäure	Lactoyl	$H_3C-CH(OH)-COOH$
Äpfelsäure	Maloyl	$HOOC-CH_2-CH(OH)-COOH$
Weinsäure	Tartaroyl	$HOOC-CH(OH)-CH(OH)-COOH$
Tropasäure	Tropoyl	$C_6H_5-CH(CH_2OH)-COOH$
Benzilsäure	Benziloyl	$(C_6H_5)_2C(OH)-COOH$
Salicylsäure	Salicyloyl	(2-Hydroxybenzoesäure)

Anissäure (p-abgeb.)	Anisoyl	4-Methoxybenzoesäure (COOH / OCH₃)
Veratrumsäure	Veratroyl	3,4-Dimethoxybenzoesäure (COOH / OCH₃, OCH₃)
Gallussäure	Galloyl	3,4,5-Trihydroxybenzoesäure (COOH / HO, OH, OH)
Citronensäure	—	HOOC–C(OH)(COOH)–CH₂... (COOH / HOOC, COOH / OH)
Mandelsäure	*Mandeloyl*	$C_6H_5–CH(OH)–COOH$

Oxocarbonsäuren und ihre Radikale

Glyoxylsäure	Glyoxyloyl	$OHC–COOH$
Brenztraubensäure	Pyruvoyl	$H_3C–CO–COOH$
Acetessigsäure	Acetoacetyl	$H_3C–CO–CH_2–COOH$
Oxalessigsäure		$HOOC–CH_2–CO–COOH$
	Oxalaceto	$HOOC–CO–CH_2–CO–$
	Oxalacetyl	$–OC–CO–CH_2–CO–$

Aminosäuren und ihre Radikale

α-Aminosäuren

Alanin	Alanyl	$H_3C–CH(NH_2)–COOH$
Arginin	Arginyl	$H_2N–C(=NH)–NH–(CH_2)_3–CH(NH_2)–COOH$
Cystein	Cysteinyl	$HS–CH_2–CH(NH_2)–COOH$

Säure	Acylrest	Formel
Cystin	Cystyl	$HOOC-CH(NH_2)-CH_2-S-S-CH_2-CH(NH_2)-COOH$
Glycin	Glycyl	H_2N-CH_2-COOH
Histidin	Histidyl	Imidazolyl-$CH_2-CH(NH_2)-COOH$
Leucin	Leucyl	$(H_3C)_2CH-CH_2-CH(NH_2)-COOH$
Lysin	Lysyl	$H_2N-(CH_2)_4-CH(NH_2)-COOH$
Methionin	Methionyl	$H_3C-S-(CH_2)_2-CH(NH_2)-COOH$
Ornithin	Ornithyl	$H_2N-(CH_2)_3-CH(NH_2)-COOH$
Phenylalanin	*Phenylalanyl*	$C_6H_5-CH_2-CH(NH_2)-COOH$
Prolin	Prolyl	Pyrrolidin-2-$COOH$ (NH)
Serin	Seryl	$HO-CH_2-CH(NH_2)-COOH$
Threonin	Threonyl	$H_3C-CH(OH)-CH(NH_2)-COOH$
Tryptophan	Tryptophyl	Indolyl-$CH_2-CH(NH_2)-COOH$
Tyrosin	Tyrosyl	$HO-C_6H_4-CH_2-CH(NH_2)-COOH$
Valin	Valyl	$(H_3C)_2CH-CH(NH_2)-COOH$
Asparaginsäure		$HOOC-CH_2-CH(NH_2)-COOH$
	α-Asparagyl	$HOOC-CH_2-CH(NH_2)-CO-$
	β-Asparagyl	$-OC-CH_2-CH(NH_2)-COOH$
	Asparagoyl	$-OC-CH_2-CH(NH_2)-CO-$
Glutaminsäure		$HOOC-(CH_2)_2-CH(NH_2)-COOH$
	α-Glutamyl	$HOOC-(CH_2)_2-CH(NH_2)-CO-$
	γ-Glutamyl	$-OC-(CH_2)_2-CH(NH_2)-COOH$
	Glutamoyl	$-OC-(CH_2)_2-CH(NH_2)-CO-$

Andere Aminosäuren und Amidsäuren

Säure	Acylrest	Formel
β-Alanin	β-Alanyl	$H_2N-CH_2-CH_2-COOH$
Hippursäure	—	$C_6H_5-CO-NH-CH_2-COOH$

Anthranilsäure	—	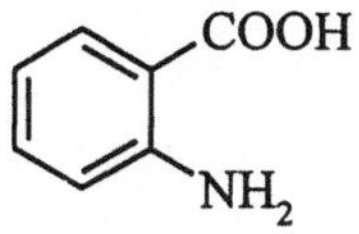 COOH / NH₂ (benzene ring)
Carbamidsäure	Carbamoyl	$H_2N–COOH$

Sulfonsäuren und ihre Radikale

Sulfanilsäure	—	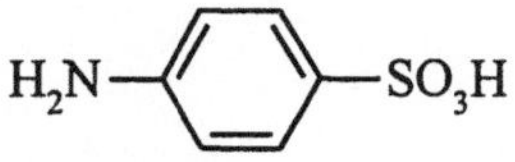 H_2N–⟨benzene⟩–SO_3H
Methansulfonsäure (Säure ist systematisch benannt)	Mesyl	$H_3C–SO_3H$
p-Toluolsulfonsäure (Säure ist systematisch benannt)	Tosyl	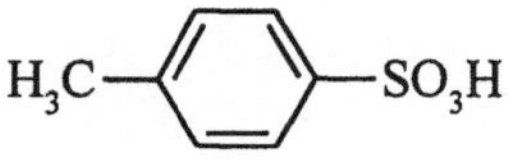 H_3C–⟨benzene⟩–SO_3H

Aldehyde

Name	Formel
Formaldehyd	HCHO
Acetaldehyd	$H_3C–CHO$
Propionaldehyd	$H_3C–CH_2–CHO$
Butyraldehyd	$H_3C–(CH_2)_2–CHO$
Valeraldehyd	$H_3C–(CH_2)_3–CHO$
Acrylaldehyd (bevorzugt vor Acrolein)	$H_2C=CH–CHO$
Crotonaldehyd (trans)	$H_3C–CH=CH–CHO$
Benzaldehyd	$C_6H_5–CHO$
Zimtaldehyd	$C_6H_5–CH=CH–CHO$
Anisaldehyd	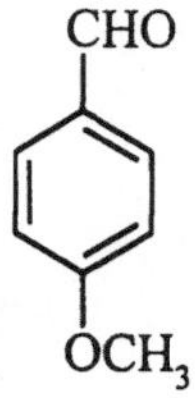 CHO / OCH₃ (benzene ring)
Nicotinaldehyd	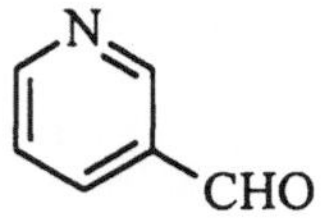 pyridine ring with CHO
2-Furaldehyd (bevorzugt vor Furfural)	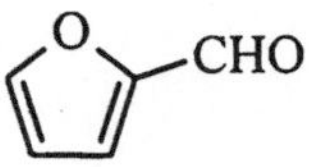 furan ring with CHO

Name	Formel
Glycerinaldehyd	$HOCH_2–CH(OH)–CHO$
Glycolaldehyd	$HOCH_2–CHO$

Vanillin

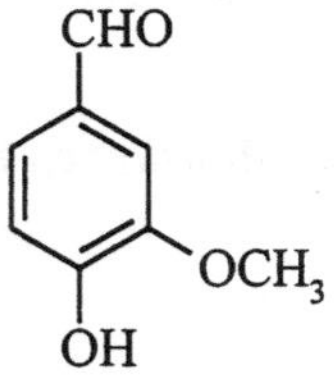

$$\text{4-Hydroxy-3-methoxybenzaldehyd (Benzolring mit } CHO,\ OCH_3,\ OH)$$

Glyoxal	$OHC–CHO$
Malonaldehyd	$OHC–CH_2–CHO$
Succinaldehyd	$OHC–(CH_2)_2–CHO$
Glutaraldehyd	$OHC–(CH_2)_3–CHO$
Adipaldehyd	$OHC–(CH_2)_4–CHO$
Phthalaldehyd	$o\text{-}C_6H_4(CHO)_2$
Isophthalaldehyd	$m\text{-}C_6H_4(CHO)_2$
Terephthalaldehyd	$p\text{-}C_6H_4(CHO)_2$

Ketone

Aceton	$H_3C–CO–CH_3$
Acetophenon	$C_6H_5–CO–CH_3$
Propiophenon	$C_6H_5–CO–CH_2–CH_3$
Benzophenon	$C_6H_5–CO–C_6H_5$
Benzil	$C_6H_5–CO–CO–C_6H_5$
Benzoin	$C_6H_5–CH(OH)–CO–C_6H_5$

Ketonradikale

Acetonyl	$H_3C–CO–CH_2–$
Phenacyl	$C_6H_5–CO–CH_2–$

Alkohole

Allylalkohol	$H_2C{=}CH–CH_2–OH$
Benzylalkohol	$C_6H_5–CH_2–OH$
Phenethylalkohol	$C_6H_5–CH_2–CH_2–OH$
Ethylenglycol	$HO–H_2C–CH_2–OH$
Propylenglycol	$H_3C–CH(OH)–CH_2–OH$
Glycerin	$HO–H_2C–CH(OH)–CH_2–OH$
Pentaerythrit	$C(CH_2OH)_4$
Pinacol	$(H_3C)_2C(OH)–C(OH)(CH_3)_2$

Menthol (Trivialname wird
   einschließlich Bezifferung beibehalten)

Amine und Ammoniumverbindungen

Anilin $C_6H_5–NH_2$
Anisidin (o-, m-, p-) $H_3CO–C_6H_4–NH_2$
Phenetidin (o-, m-, p-) $H_5C_2O–C_6H_4–NH_2$
Toluidin (o-, m-, p-) $H_3C–C_6H_4–NH_2$

Adenin (Trivialname wird
   einschließlich Bezifferung beibehalten)

Colamin $HO–CH_2–CH_2–NH_2$

Benzidin

Cholin (-bromid usw.) $HO–CH_2–CH_2–N^+(CH_3)_3$ (Br^- usw.)
Betain $^-OOC–CH_2–N^+(CH_3)_3$
Betain (-hydrochlorid usw.) $HOOC–CH_2–N^+(CH_3)_3$ (Cl^- usw.)

Phenole

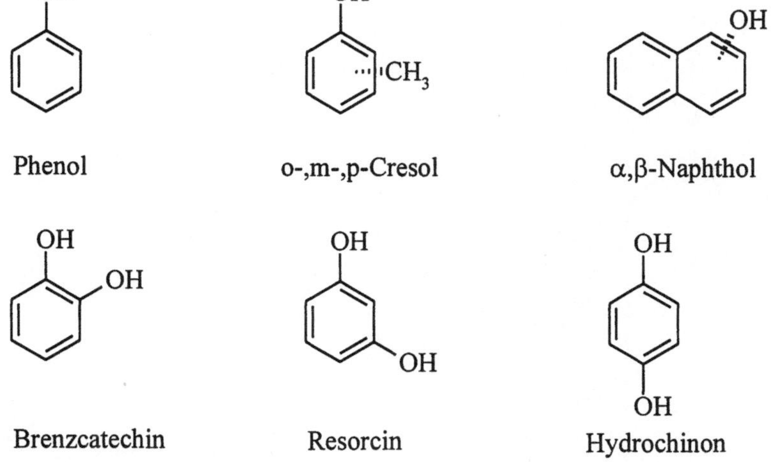

Phenol   o-,m-,p-Cresol   α,β-Naphthol

Brenzcatechin   Resorcin   Hydrochinon

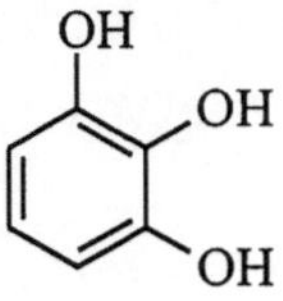

Pyrogallol

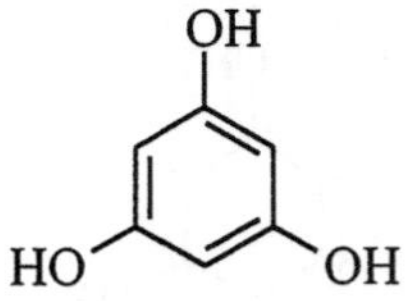

Phloroglucin

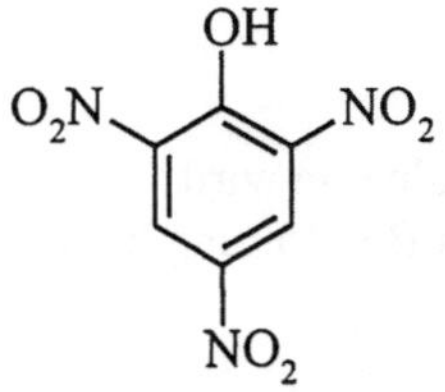

Pikrinsäure

Äther

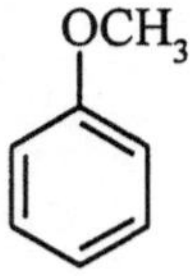

Anisol

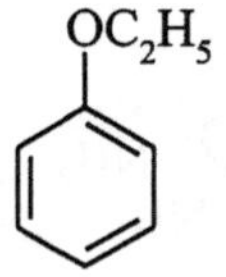

Phenetol

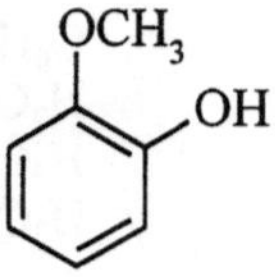

Guajacol

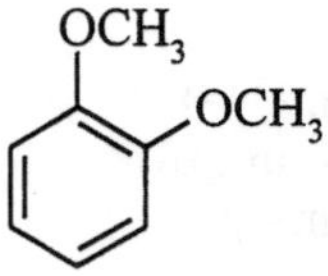

Veratrol

Anhang II

In diesem Anhang werden zu den einzelnen Kapiteln Übungsbeispiele angeführt, die zu einer gewissen Fertigkeit in der Lösung von Nomenklaturproblemen führen sollen.

Abgesehen von den beiden ersten Übungen sind die weiteren in der Weise aufgebaut, daß die Formel des Arzneistoffes (die Wirkung ist jeweils aus [5] angeführt) zuerst wiedergegeben ist, danach eine kurze Anleitung zur Erstellung der Nomenklatur folgt und nach der systematischen Nomenklatur wichtige Hinweise gegeben werden, wie daraus die Formel generiert werden kann.

Diese Anordnung ermöglicht, daß durch Abdecken einzelner Teile die Übung sowohl von der Strukturformel als auch von der Nomenklatur her durchgeführt werden kann.

Aus didaktischen Gründen wird die Stereochemie von Verbindungen erst ab der *Übung 34* berücksichtigt.

Übung zu Kapitel 2

Übung 1: Die in der IUPAC-Nomenklatur trivial bezeichneten acyclischen Kohlenwasserstoffe und Kohlenwasserstoffreste sollen systematisch bezeichnet werden. Bei der Benennung der Reste ist zu beachten, daß die Radikalstelle den Locanten 1 erhält.

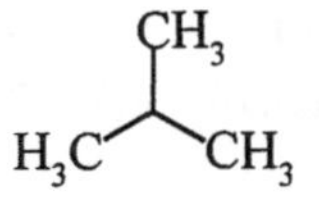

Isobutan	Isopentan	Isohexan
2-Methylpropan	2-Methylbutan	2-Methylpentan

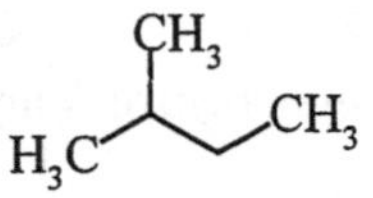

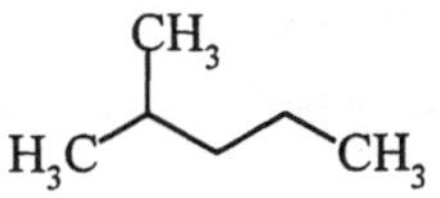

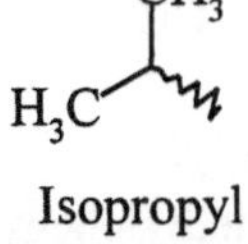

Isopropyl	Isobutyl	Isopentyl	Isohexyl
1-Methylethyl	2-Methylpropyl	3-Methylbutyl	4-Methylpentyl

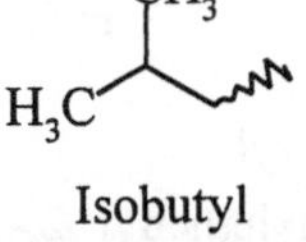

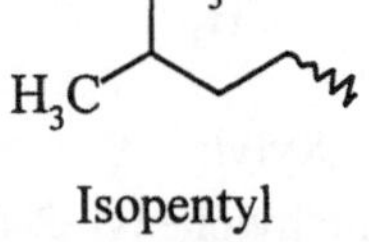

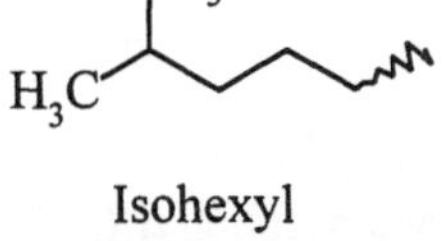

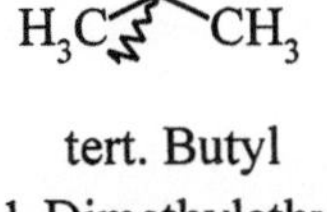

tert. Butyl	tert. Pentyl
1,1-Dimethylethyl	1,1-Dimethylpropyl

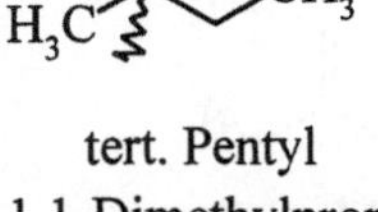

sec. Butyl   Neopentan (-yl)
1-Methylpropyl   2,2-Dimethylpropan (-yl)

Vinyl   Allyl   Isopropenyl   Isopren
Ethenyl   2-Propenyl   1-Methylethenyl   2-Methyl-1,3-butadien

Übungen zu Kapitel 3

Übung 2: Die im genannten Kapitel angeführten trivial bezeichneten aromatischen Kohlenwasserstoffe und Reste (außer Benzol, Phenyl und Phenylen) sollen systematisch benannt werden.

Toluol   (m)-Xylol   Styrol   Mesitylen
Methylbenzol   (1,3)-Dimethylbenzol   Vinylbenzol   1,3,5-Trimethylbenzol

(o)-Tolyl   (2,3)-Xylyl   Styryl   Mesityl
(2)-Methylphenyl   (2,3)-Dimethylphenyl   2-Phenylethenyl   2,4,6-Trimethylphenyl

Benzyl   (2)-Methylbenzyl
Phenylmethyl   (2)-Methylphenylmethyl

Benzhydryl · Phenethyl · Trityl · Cinnamyl
Diphenylmethyl · 2-Phenylethyl · Triphenylmethyl · 3-Phenyl-2-propenyl

Übungen zu Kapitel 4

Übung 3: Tuberkulostaticum

Die ranghöchste funktionelle Gruppe stellt die Carbonsäure dar, sodaß als Stammverbindung mit Suffix die Benzoesäure (s. Anhang I) gewählt wird. Das C-Atom, welches die Carboxylfunktion trägt, erhält den Locanten 1. Die weitere Bezifferung erfolgt im Uhrzeigersinn, sodaß die Präfixe das niedrigst mögliche Set erhalten.

4-Amino-2-hydroxybenzoesäure

Die Stammverbindung mit Suffix stellt die Benzoesäure (s. Anhang I) dar. Da das C-Atom, welches die Carboxylfunktion trägt, den Locanten 1 erhält, ist die Stellung der beiden Präfixe vorgegeben.

Übung 4: Antiandrogen

Die Stammverbindung mit Suffix ist ein Propanamid. Da hier zwei Ketten mit 3 C-Atomen zur Auswahl stehen, ist diejenige mit den meisten Substituenten zu wählen (s. Kap. 2.2.2, Auswahlkriterium 4). Daraus ergibt sich ein in der C-Kette dreifach und am Stickstoff einfach substituiertes Propanamid.

3-Chlor-2-hydroxy-2-methyl-N-(3,4,5-trichlorphenyl)propanamid

Das zugrundeliegende Propanamid trägt am Stickstoff der Amidfunktion einen Trichlorphenylsubstituenten und in der C-Kette die drei weiteren Präfixe.

Übung 5: Analgeticum, Antirheumaticum

Da in dieser Verbindung zwei gleichrangige Suffixe (Esterfunktion) aufscheinen, muß eine Wahl getroffen werden, die zugunsten des Benzoesäureesters fällt. Damit ist die Acetyloxygruppe in Position 2 als Präfix zu bezeichnen. Hier werden auch die beiden gebräuchlichen Bezeichnungen für Ester wiedergegeben, wobei die erste dem deutschen und die zweite dem englischen Sprachgebrauch entsprechen.

2-Acetyloxy-3-iodbenzoesäuremethylester
Methyl 2-acetyloxy-3-iodbenzoat

Der Benzoesäuremethylester trägt in den Positionen 2 und 3 die entsprechenden Substituenten.

Übung 6: Diagnosticum

Die Carboxylfunktion steht am Beginn einer 4-C-Kette (Butansäure). Der an C-2 substituierte Phenoxyrest trägt in den Positionen 2, 4 und 6 drei Iodsubstituenten.

2-(2,4,6-Triiodphenoxy)butansäure

Die Butansäure trägt an C-2 einen 2,4,6-Triiodphenylrest.

Übung 7: Ganglienblocker

Das Butan trägt an den terminalen C-Atomen je eine Aminogruppe als Suffix (1,4-Butandiamin). Diese Funktionen sind jeweils durch eine Isopropylgruppe substituiert. In der zweiten Nomenklatur sind die Isopropylgruppen systematisch bezeichnet; für die beiden Methylethylgruppen kommt das multiplizierende Affix „Bis-" zur Anwendung (s. Kap. 2.2.2.1).

N,N'-Diisopropyl-1,4-butandiamin
N,N'-Bis-(1-methylethyl)-1,4-butandiamin

Das 1,4-Butandiamin ist an den beiden Stickstoffen (daher N und N') mit je einer Isopropylgruppe (1-Methylethylgruppe) substituiert.

Übung 8: Inhalationsnarcoticum

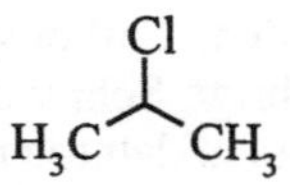

$$\underset{H_3C \qquad CH_3}{\overset{\overset{\displaystyle Cl}{|}}{C}}$$

Die substitutive Nomenklatur geht von Propan aus, das an C-2 als Präfix ein Chlor trägt. Radikofunktionell liegt ein Chlorid vor (radikofunktioneller Klassenname), das mit einem Isopropylradikal verbunden ist.

s: 2-Chlorpropan
r: Isopropylchlorid

Die Erstellung der Strukturformel aus den beiden Nomenklaturen bedarf keiner Erklärung.

Übung 9: Antiparkinsonium

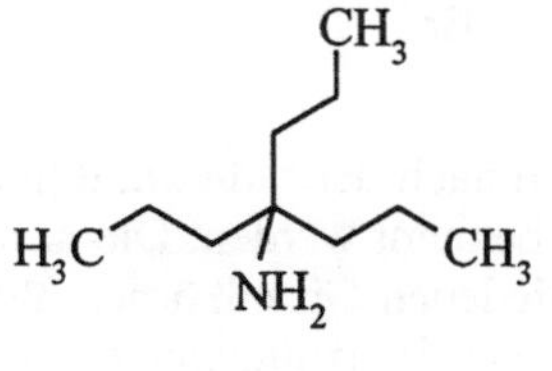

$$H_3C \diagup \underset{\underset{NH_2}{|}}{\overset{\overset{\displaystyle CH_3}{|}}{C}} \diagdown CH_3$$

Die substitutive Nomenklatur geht von der längsten Kohlenstoffkette (Heptan) aus, die an C-4 das Suffix (-amin) und einen Propylrest trägt. In der radikofunktionellen Nomenklatur wird ein Rest (Radikal) gewählt, der an der Stelle 1 (die Radikalstelle in Alkylresten muß den Locanten 1 tragen) mit der Aminfunktion verknüpft ist (Butylamin). Dieser radikofunktionelle Grundkörper ist an C-1 mit zwei Propylresten substituiert.

s: 4-Propyl-4-heptanamin
r: 1,1-Dipropylbutylamin

Bei beiden Nomenklaturen werden zuerst die Grundkörper (4-Heptanamin bzw. Butylamin) erstellt und anschließend mit den Präfixen ergänzt.

Übung 10: Antilipidemicum

Der symmetrische stickstoffhaltige Heterocyclus Pyrazin (s. Kap. 6.2) ist an einem seiner gleichwertigen C-Atome mit dem Carbonsäuresuffix substituiert, sodaß sich die Angabe eines Locanten dafür erübrigt. Sehr wohl müssen aber die Stellungen des Präfixes und des Oxids (additives Nomenklaturelement) angegeben werden.

5-Methylpyrazincarbonsäure 4-oxid

Da die Bezifferung des Pyrazins vorgegeben ist, kann das C-Atom, welches die Carbonsäurefunktion trägt, nur den Locanten 2 erhalten. Damit sind auch die Positionen der weiteren Nomenklaturelemente gegeben.

Übung 11: Spasmolyticum

Die abgebildete Verbindung soll nach der radikofunktionellen, der konjunktiven und der substitutiven Nomenklatur benannt werden. Die drei Nomenklatursysteme unterscheiden sich durch die verschiedenen Grundkörper. Während radikofunktionell der Benzylalkohol und konjunktiv das Benzolmethanol die jeweilige Hauptverbindung darstellen, wird substitutiv das Methanol als solche gewählt. Die entsprechenden Grundkörper sind durch die damit noch nicht nomenklierten Reste substituiert.

rf: 5-Brom-2-hydroxybenzylalkohol
k: 5-Brom-2-hydroxybenzolmethanol
s: 5-Brom-2-hydroxyphenylmethanol

Die den verschiedenen Nomenklatursystemen entsprechenden Grundkörper sind durch die angeführten Reste substituiert.

Übung 12: Diagnosticum (Röntgenkontrastmittel)

Zwei Triiodbenzoesäureeinheiten sind durch ein bivalentes Radikal, welches auf drei Arten bezeichnet werden kann, in den Positionen 3 und 3' miteinander verbunden. Einmal kann der Mittelteil mit Hilfe der Austauschnomenklatur benannt werden. In einem Undecandioylrest, der sich von der Undecandisäure ableitet, sind die C-Atome in den Positionen 3, 6 und 9 durch Sauerstoffatome ersetzt (3,6,9-Trioxa-). An den beiden Enden des Undecandioylrestes befinden sich in weiterer Folge zwei Iminoradikale. Als zweite Möglichkeit wird das bivalente Radikal von der Mitte aus bezeichnet. Ein Oxyradikal ist nach beiden Seiten jeweils mit -ethylen-, -oxy-, -methylen-, -carbonyl- und -imino- verknüpft. Die dritte Nomenklatur unterscheidet sich von der zweiten in der Bezeichnung der Ethylen- und Methylencarbonyleinheit. Beide werden als Ethandiylradikale bezeichnet, wobei das zweite noch einen Oxosubstituenten an C-1 trägt. Die Stellung 2,1 für die Locanten der Radikalstellen ergibt sich aus der Tatsache, daß von den Benzoesäureeinheiten aus numeriert wird, die Nomenklierung jedoch von der Mitte her erfolgt, sodaß die Radikalstelle 2 zuerst zu nennen ist.

„a"-Nom.: 3,3'-(3,6,9-Trioxaundecandioyldiimino)bis(2,4,6-triiodbenzoesäue)

3,3'-[Oxybis(ethylenoxymethylencarbonylimino)]bis[2,4,6-triiodbenzoesäure]

3,3'-[Oxybis[2,1-ethandiyloxy-(1-oxo-2,1-ethandiyl)imino]]bis[2,4,6-triiodbenzoesäure]

Zur Erstellung der Strukturformel, besonders aus den beiden letztgenannten Nomenklaturen, geht man abweichend von der üblichen Vorgangsweise vom Beginn der Bezeichnung, d.h., von der Mitte des bivalenten Radikals aus und löst bis zu den beiden Stammverbindungen auf.

Übungen zu Kapitel 5

Übung 13: Cholereticum

Das zugrundeliegende Inden trägt an C-5 das Suffix und ist teilhydriert. In diesem Fall ist der indizierte Wasserstoff an C-1 anzugeben und der wahre Hydrierungsgrad durch das Präfix Dihydro- auszudrücken.

7-Chlor-2,3-dihydro-4-hydroxy-1H-inden-5-carbonsäure

Man erstellt das Indengrundgerüst und zeichnet an allen C-Atomen konjugierte Doppelbindungen ein, die nicht durch ein Hydrierungspräfix (hydro- oder indiziertes H) gekennzeichnet sind.

Übung 14: Antidepressivum

Der Propankohlenwasserstoff trägt an C-1 das Suffix (1-Propanamin) und an C-3 einen zweibindigen anellierten Kohlenwasserstoffrest (-yliden). Die Basiskomponente des Dreiringsystems ist das Cyclohepten, welches an den Seiten „a" und „d" mit zwei Benzoleinheiten anelliert ist (Dibenzo[a,d]cyclohepten). Da -yliden zwei Valenzen beansprucht, muß das dem Ringsystem eigene indizierte H in Position 6 gebracht werden (6H). Das Fehlen der Doppelbindung an C-10 und C-11 wird durch das Präfix Dihydro- angegeben. Als zusätzliches Präfix befindet sich am Aminstickstoff eine Methylgruppe (N-methyl-).

3-(10,11-Dihydro-5H-dibenzo[a,d]cyclohepten-5-yliden)-N-methyl-1-propanamin

Wichtig bei der Erstellung der Strukturformel von anellierten Systemen ist die richtige Orientierung, bevor die Gesamtbezifferung durchgeführt wird. Hier ist so zu orientieren, daß unter der Voraussetzung von allen drei Ringen in der Waagrechten die an der Anellierung beteiligten C-Atome das möglichst niedrige Locantenset erhalten.

Übung 15: Antidepressivum

Auch in diesem Beispiel stellt das Cyclohepten die Basiskomponente dar, die an drei Seiten anelliert ist. Da die Anellierungsstellen so niedrig als möglich zu wählen sind, ergeben sich die Seiten „a", „c" und „e". Das Dibenzo[a,e]cyclopropa[c]cyclohepten besitzt kein indiziertes H als Bestandteil des Ringsystems, da die Summe aller Atome der Einzelringe (7+6+6+3) eine geradzahlige Summe ergeben. Da nun an C-6 ein zweibindiges Suffix (Ketonoxim) steht, muß dadurch ein Wasserstoff an der niedrigstmöglichen Stelle indiziert werden [-6(1H)-]. Der Wegfall der Doppelbindung an C-1a und C-10b wird in der üblichen Weise ausgedrückt. Das Oxim (Bezeichnung s. Kap. 4.1.1.2) ist an seinem Sauerstoff mit einer 2-Aminoethylgruppe substituiert.

1a,10b-Dihydrodibenzo[a,e]cyclopropa[c]cyclohepten-6(1H)-on O-(2-aminoethyl)oxim

Wenn aus der Nomenklatur die Formel des Ringsystems generiert wird, erhält man, wie unten gezeigt wird, eine zufällige Anordnung. Durch Drehen der Formel um die Achse (oder manchmal auch durch Umdrehen um 180°) muß die richtige Orientierung (hier 1. möglichst viele Ringe waagrecht und 2. möglichst viele Ringe im oberen rechten Quadranten) erreicht werden. Die Numerierung beginnt im obersten Ring. Die weitere Vorgangsweise des Setzens der Doppelbindungen wurde bereits in der *Übung 13* beschrieben.

Übung 16: Analgeticum

Dieses Beispiel zeigt ein mit einer Methanobrücke von C-5 nach C-11 überbrücktes Benzocyclodecen, welches als Suffix eine Hydroxygruppe trägt. Das C-Atom der Methanobrücke erhält den Locanten 13 (mit 12 wird das letzte C-Atom des anellierten Kohlenwasserstoffs numeriert).

13-Amino-5,6,7,8,9,10,11,12-octahydro-5-methyl-5,11-methano-benzocyclodecen-3-ol

Bei der Erstellung der Formel ist auch hier auf die exakte Orientierung zu achten. Um bei Zweiringsystemen die Forderung nach dem niedrigsten Set für die an der Anellierung beteiligten C-Atome zu erfüllen, muß der kleinere Ring rechts stehen.

Übungen zu Kapitel 6

Übung 17: Antineoplasticum

Dieser sechsgliedrige heterocyclische Monocyclus (Endung -in) enthält Sauerstoff, Phosphor und Stickstoff als Heteroatome. Die Bezifferung beginnt bei Sauerstoff als ranghöchstem Heteroatom und setzt sich über Phosphor fort. Da die „a"-Terme nach der in Kap. 4.6 beschriebenen Rangordnung zu reihen sind, müßte der Heterocyclus als 1,3,2-Oxazaphospin bezeichnet werden (das „a" der „a"-Terme wird bei nachfolgenden Vokalen weggelassen). Da der Name „Phosphin" aber bereits durch ein anorganisches Nomenklaturelement besetzt ist, wird der „a"-Term „Phospa-" bei Zusammentreffen mit der Endung -in durch „Phosphor-" ersetzt. Dadurch ergibt sich die Bezeichnung 1,3,2-Oxazaphosporin. Die mankude unsubstituierte Verbindung besitzt am Phosphor ein indiziertes H, das Fehlen der beiden möglichen Doppelbindungen wird durch das Präfix Tetrahydro- ausgedrückt. Die Locantenangaben dafür können wegen der Eindeutigkeit der Positionierung der Wasserstoffe entfallen. Die weitere Bezeichnung wird gemäß der substitutiven und additiven (2-oxid) Nomenklatur durchgeführt.

N,N-Bis-(2-Chlorethyl)tetrahydro-2H-1,3,2-oxazaphosphorin-2-amin 2-oxid

Zuerst wird ein sechsgliedriger Ring gezeichnet, in dem die Heteroatome gemäß ihren Locanten positioniert werden.

Übung 18: Sekretionshemmer

Da der abgebildete Heterocyclus mehr als zehn Ringatome aufweist, muß die Bezeichnung mit Hilfe der Austauschnomenklatur vorgenommen werden. Das zugrundeliegende Cyclotridecan enthält einen Stickstoff und ist einfach ungesättigt (Azacyclotridec-1-en). Die Stellung des Stickstoffs muß nicht angegeben werden, da ein einziges Heteroatom in einem Monocyclus in jedem Fall den Locanten 1 erhält. Das an C-2 positionierte Suffix trägt einen 2-Phenylcyclopentylrest.

N-(2-Phenylcyclopentyl)azacyclotridec-1-en-2-amin

Zuerst wird das Cyclotridecan gezeichnet, was einige Übung erfordern wird, und danach dieser Grundkörper mit den weiteren Nomenklaturelementen ergänzt.

Übung 19: Antiprotozoenmittel

Die Butandisäure (Bernsteinsäure: s. Anhang I) ist an einer Carboxylgruppe (mono) mit einem Ethylrest, an dessen C-2 ein substituierter Imidazolylrest hängt, verestert. Die Angabe des indizierten H im Imidazol ist gemäß IUPAC nicht nötig, erfolgt bei Chemical Abstracts jedoch prinzipiell. Jedenfalls muß aber die Radikalstelle im Heterocyclus angegeben werden.

Butandisäure mono[2-(2-methyl-5-nitro-1H-imidazol-1-yl)ethyl]ester

Die Erstellung der Formel folgt den Regeln der substitutiven Nomenklatur.

Übung 20: Antihypertensivum

Das Isochinolin ist ein mankuder Heterocyclus ohne indizierten Wasserstoff. Der Stickstoff ist also auch an einer Doppelbindung beteiligt, womit seine Dreibindigkeit ausgeschöpft ist. Daher erfordert auch die Substitution des lediglich einbindigen Suffixes -carboxamidin die Auflösung einer Doppelbindung und damit die Ansage eines Wasserstoffs, der naturgemäß beim Verursacher zu nennen ist. Dieses Beispiel zeigt besonders deutlich, wie wichtig und hilfreich die Befolgung der Vierpunkte-Regel (s. Kap. 6.4.1) ist. Der in Klammer gesetzte Ausdruck -carboximidamid ist die von Chemical Abstracts gebrauchte Bezeichnung für das Suffix -carboxamidin.

3,4-Dihydro-2(1H)-isochinolincarboxamidin (-carboximidamid)

Besonders deutlich wird das oben Gesagte bei der Erstellung der Formel. Man sieht deutlich, daß das Suffix nur durch die Auflösung der Doppelbindung C-1/C-2 angefügt werden kann. Andernfalls würde der Stickstoff vierbindig und damit positiv geladen werden, was aber zu einer anderen Nomenklatur führen würde.

Übung 21: Antiallergicum

Durch die Rangordnung bei der Auswahl der Basiskomponente in anellierten Heterocyclen wird das Pyrimidin dazu bestimmt. Da die Anellierungsstelle niedrigstmöglich zu wählen ist, wird das Ringsystem als Thieno[2,3-d]pyrimidin bezeichnet. Nach richtigem Legen der Doppelbindungen (beginnend an einem Nachbaratom des zweibindigen Schwefels) zeigt sich, daß kein indiziertes H vorhanden ist, das einbindige Suffix -carbonsäure aber problemlos zu substituieren ist. Nach Angleichung an den tatsächlichen Hydrierungsgrad (3,4-Dihydro-) werden die Präfixe benannt.

3,4-Dihydro-5-methyl-6-(2-methylpropyl)-4-oxothieno[2,3-d]pyrimidin-
2-carbonsäure

Wichtig bei der Erstellung der Formel ist auch hier die richtige Orientierung des Ringsystems. Da bei Zweiringheterocyclen nur die waagrechte Anordnung im Koordinatenkreuz zum Tragen kommt, muß mit dem kleinsten Set für die Heteroatome die Entscheidung getroffen werden.

Übung 22: Analgeticum

Auch in diesem Ringsystem stellt der stickstoffhaltige Pyridinring die Basiskomponente, die mit einem 1-Benzopyran (nach IUPAC auch Chromen möglich) anelliert ist, dar. Das Ringsystem besitzt ein indiziertes H, welches als nicht loslösbar unmittelbar vor dessen Namen anzugeben ist. Die aliphatische Kette, die auch das Suffix trägt, kann substitutiv als 2-substituierte Propionsäure oder konjunktiv als Essigsäure, die am Kettenende mit dem Cyclus verbunden und am α-C-Atom mit einer Methylgruppe substituiert ist, bezeichnet werden.

s: 2-[5H-[1]Benzopyrano[2,3-b]pyridin-7-yl)propionsäure
k: α-Methyl-5H-[1]benzopyrano[2,3-b]pyridin-7-essigsäure

Nach der Erstellung der Formel des anellierten Heterocyclus ist auch in diesem Beispiel die richtige Orientierung unter Berücksichtigung des kleinsten Sets für die Heteroatome vorzunehmen.

Übung 23: Antiinflammatoricum

4-Hydroxy-2-methyl-N-(2-thiazolyl)-2H-1,2-benzothiazin-3-carboxamid 1,1-dioxid (Struktur)

Der mankude benzoanellierte Heterocyclus, der an Atom 2 einen indizierten Wasserstoff trägt, wird in der Weise bezeichnet, daß die Locanten der Heteroatome vor den Namen des Ringsystems gesetzt werden (2H-1,2-Benzothiazin). Nach der Benennung des Suffixes -carboxamid werden die weiteren Nomenklaturelemente als Präfixe (wichtig ist der Locant 2 für die Radikalstelle im Thiazolylrest) angefügt. Die beiden Sauerstoffe am Schwefel können nur durch die additive Nomenklatur erfaßt werden (1,1-dioxid).

4-Hydroxy-2-methyl-N-(2-thiazolyl)-2H-1,2-benzothiazin-3-carboxamid
1,1-dioxid

Da auf Grund der Orientierungsregeln bei benzoanellierten Heterocyclen der heterocyclische Ring immer rechts steht, können die beiden sechsgliedrigen Ringe (benzo- und die Endung -in sagen dies aus) gezeichnet werden und in den rechten Ring die Heteroatome gemäß den Locanten eingesetzt werden.

Übung 24: Antidepressivum

Das 1,3-Benzoxazin, ebenfalls ein Vertreter benzoanellierter Heterocyclen, kann als 2H- oder 4H-Isomeres vorliegen. Da jedoch die Anbindung des Acetamids am Stickstoff in jedem Fall die Wegnahme der Doppelbindung bedingt (siehe dazu auch *Übung 20*) ist das 2H-1,3-Benzoxazin als Grundkörper zu wählen. Das Acetamid verursacht einen weiteren indizierten Wasserstoff an C-4 durch die Auflösung der Doppelbindung an C-3/C-4. In der substitutiven Nomenklatur muß der Heterocyclus als Rest bezeichnet werden.

k: 2-Oxo-2H-1,3-benzoxazin-3(4H)-acetamid
s: 2-Oxo-2H-1,3-benzoxazin-3(4H)-ylacetamid

Das Ringsystem wird, wie in *Übung 23* erläutert, generiert und mit den übrigen Nomenklaturelementen vervollständigt.

Übung 25: Tranquilizer

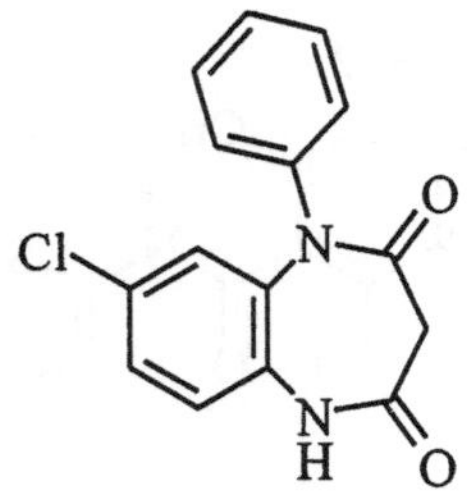

Das 1,5-Benzodiazepin weist einen indizierten Wasserstoff als Bestandteil des Ringsystems auf, der so zu positionieren ist, daß das zweibindige Suffix -on an C-2 ohne Änderung des Hydrierungsgrades zu benennen ist (2H-1,5-Benzodiazepin-2-on). Die zweite Suffixgruppe an C-4 bedingt aber die Auflösung der Doppelbindung C-3/C-4, sodaß dadurch der zusätzliche Wasserstoff an C-3 bei seinem Verursacher, nämlich dem -4-on, anzusagen ist (2H-1,5-Benzodiazepin-2,4(3H)-dion).

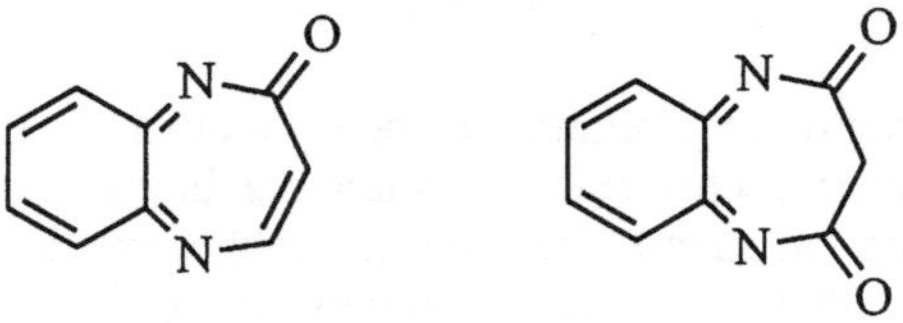

Durch das Präfix 1,5-Dihydro- wird die Nomenklatur an den tatsächlichen Hydrierungsgrad angeglichen und durch Nennung der Präfixe komplettiert.

8-Chlor-1,5-dihydro-1-phenyl-2H-1,5-benzodiazepin-2,4(3H)-dion

Gegenüber der Erstellung der Nomenklatur sollte die Generierung der Formel kaum Schwierigkeiten bereiten. Es wird wieder das Ringskelett skizziert, wobei der siebengliedrige Ring, der die Heteroatome enthält, rechts stehen muß, danach die beiden Stickstoffe in den Positionen 1 und 5 eingefügt sowie die Suffixe unter Berücksichtigung der Hydrierungsangaben gesetzt.

Übung 26: Antineoplasticum

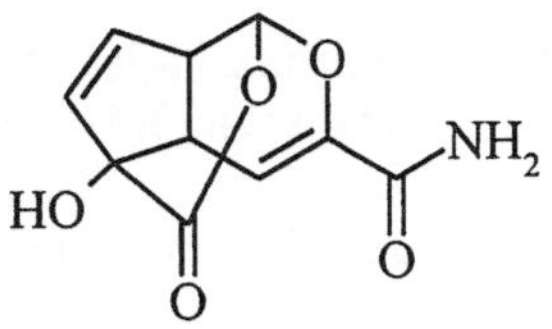

Dieser Verbindung liegt das mankude Cyclopenta[c]pyran, das mit einer Epoxy-methanobrücke von C-1 nach C-5 überbrückt ist, zugrunde. Da die Brücke und das Suffix -carboxamid ohne Änderung des Hydrierungsgrades an den Grundkörper substituiert werden kann, wird der tatsächliche Hydrierungsgrad durch das Präfix Tetrahydro- angegeben. Die Bezifferung der Brücke erfolgt vom höher numerierten C-Atom (C-5) aus, sodaß die Oxofunktion den Locanten 8 erhält.

1,4a,5,7a-Tetrahydro-5-hydroxy-8-oxo-1,5-(epoxymethano)cyclopenta[c]pyran-
3-carboxamid

Die erstellte Formel des Grundkörpers (vorerst ohne Doppelbindungen) wird in der Weise orientiert, daß das Heteroatom den niedrigstmöglichen Locanten erhält. Nach der Numerierung wird die Brücke geschlagen und das Suffix sowie die Präfixe eingezeichnet. Zuletzt werden alle C-Atome, die nicht durch ein Hydrierungspräfix gekennzeichnet sind, mit Doppelbindungen versehen.

Übungen zu Kapitel 8

Übung 27: Zentrales Stimulans

Die Verbindung stellt ein Bicyclo[2.2.1]heptan dar. Da zwei gleich lange Brücken vorliegen, wird in der Weise beziffert, daß das Suffix den niedrigstmöglichen Locanten erhält.

N-Ethyl-3-phenylbicyclo[2.2.1]heptan-2-amin

Prinzipiell werden zur Erstellung der Formel von Brückenverbindungen zuerst die Brückenköpfe gezeichnet und dann die entsprechenden Brücken geschlagen.

In weiterer Folge wird die Brückenverbindung regelkonform numeriert und mit den restlichen Nomenklaturelementen ergänzt.

Übung 28: Antibioticum

Die Bezifferung des heterocyclischen Bicyclo[3.2.0]heptans beginnt bei dem als Brückenkopf fungierenden Stickstoff. Damit ist das niedrigste Set für die Heteroatome insgesamt gewährleistet. Die Locanten für die Substitutionspositionen des Phenoxy- und Phenylrestes können entfallen, da an der Acetylgruppe nur die Methyleinheit dafür zur Verfügung steht.

3,3-Dimethyl-7-oxo-6-[(phenoxyphenylacetyl)amino]-4-thia-
1-azabicyclo[3.2.0]heptan-2-carbonsäure

Der Bicyclus wird, wie in *Übung 27* erläutert, erstellt und die Heteroatome eingesetzt. Zur Substitutionsposition des Phenoxy- und Phenylrestes ist zu betonen, daß nur die Methyleinheit der Acetylgruppe dafür in Frage kommt.

Übung 29: Spasmolyticum, Mydriaticum

Der Bicyclus wird in der gewohnten Weise nomenkliert und als -3-yl-Rest des Esters genannt. Die Säurekomponente kann substitutiv (3-Hydroxy-2-phenylpropionsäure) oder konjunktiv (α-Hydroxymethylbenzolessigsäure) bezeichnet werden.

s: 3-Hydroxy-2-phenylpropionsäure 8-methyl-8-azabicyclo[3.2.1]oct-3-ylester

k: α-Hydroxymethylbenzolessigsäure 8-methyl-8-azabicyclo[3.2.1]oct-3-ylester

Zuerst sollte der Bicyclus generiert und danach an die Säurekomponente angebunden werden. Die sterische Zeichenweise des Bicyclus ist natürlich nicht nötig.

Übung 30: Spasmolyticum

Da Kationen die ranghöchsten Suffixe darstellen, muß diese Verbindung als Salz bezeichnet werden. Der Stickstoff im vorliegenden Tricyclus, dessen Nomenklierung bereits in *Beispiel 93* diskutiert wurde, ist mit dem entsprechenden „a"-Term für geladene Heteroatome („azonia-") zu benennen. Das Anion (Bromid) wird am Ende der Nomenklatur angefügt. Der an C-7 substituierte Rest kann nach den IUPAC-Regeln auch als 3-Hydroxy-2-phenylpropionylrest bezeichnet werden.

$$\text{9-Butyl-7-(3-hydroxy-1-oxo-2-phenylpropoxy)-9-methyl-3-oxa-}$$
$$\text{9-azoniatricyclo-}[3.3.1.0^{2,4}]\text{nonan bromid}$$

Bei der Erstellung der Formel eines Tricyclus wird zuerst der zugrundeliegende Bicyclus gezeichnet und die vierte Brücke nach dessen Bezifferung eingefügt. Auch hier ist die sterische Wiedergabe nicht nötig.

Übungen zu Kapitel 9

Übung 31: Neurolepticum

Diese Verbindung ist ein Beispiel dafür, daß bei Vorliegen von Ringsequenzen mit ungleichen Ringsystemen (hier ist Imidazolidin mit einem Benzolkern über eine Einfachbindung verknüpft) primär jenes als ranghöchstes zu wählen ist, welches das Suffix trägt (s. Kap. 7.2.1). Damit fällt die Wahl auf das Imidazolidin. Die aus zwei Ringen bestehende Spiroverbindung wird nach Methode 1 ausgehend vom zugrundeliegenden Kohlenwasserstoff nomenkliert. Da das Locantenset für die beiden Präfixe jedenfalls 1 und 3 ist, erhält der alphabetisch erstgenannte Substituent die Nummer 1.

$$\text{1-(3,5-Dichlorphenyl)-3-[2-(1,4-dioxa-8-azaspiro[4.5]dec-8-yl)ethyl]-}$$
$$\text{2-imidazolidinon}$$

Auch beim Zeichnen der Formel einer Spiroverbindung, die aus zwei Ringen besteht, sollte man ähnlich verfahren, wie in *Übung 27* an einem Bicyclus gezeigt wurde.

Zuerst wird das Spiroatom gezeichnet, das danach durch die beiden Brücken überbrückt wird.

Übung 32: Antidepressivum

Der an dieser Spiroverbindung beteiligte anellierte Heterocyclus wird als Dibenz-
[b,e]oxepin bezeichnet und besitzt keinen indizierten Wasserstoff in seiner mankuden Form. Daher wird durch die zweibindige Spirofunktion ein solcher an C-6 hervorgerufen und muß beim Verursacher genannt werden. Wichtig ist die alphabetische Reihung der an der Spiroverbindung beteiligten Ringsysteme und die Unterscheidung deren Numerierung durch ungestrichene und gestrichene Locanten. In der
substitutiven Nomenklatur muß das Spiroringsystem als Rest bezeichnet werden.

k: N,N-Dimethylspiro[dibenz[b,e]oxepin-11(6H),2'[1,3]dioxolan]-4-methanamin

s: N,N-Dimethylspiro[dibenz[b,e]oxepin-11(6H),2'[1,3]dioxolan]-4-ylmethanamin

Zuerst wird das anellierte Ringsystem generiert, orientiert und numeriert. Danach
kann die zweite Komponente (Dioxolan) angefügt und das Gesamtsystem in Position
4 durch das N,N-Dimethylmethanamin substituiert werden.

Übung 33: Antifungales Antibioticum

Die gezeigte Spiroverbindung ist aus einem anellierten Heterocyclus (mankudes
Benzofuran) und einer heterocyclischen Bicycloverbindung (gesättigtes [6,7]Dithia-
[1,4]diazabicyclo[3.2.1]octan]) zusammengesetzt. Die Nomenklierung des Bicyclus
folgt den in Kap. 8.1.2 diskutierten Regeln. Im Benzofuran muß, bedingt durch die
Spirofunktion, ein Wasserstoff indiziert werden.

5-Chlor-6-hydroxy-3-methoxyspiro[benzofuran-2(3H),2'-
[6,7]dithia[1,4]diazabicyclo[3.2.1]octan]-3',8'-dion

Zur Erstellung der Formel sollten beide Ringsysteme zuerst getrennt gezeichnet und nach Festlegung der Spirostellen zusammengefügt werden.

Übung zu Kapitel 10

Übung 34: Antispasmodicum

Das mankude 1,5-Benzothiazepin erhält durch das Suffix -on einen indizierten Wasserstoff an C-5. Das 2,3-dihydrierte Ringsystem trägt an den C-Atomen 2 und 3 weitere Substituenten, wodurch die beiden Atome asymmetrischen Charakter erhalten. Die Absolutkonfiguration kann durch die Anwendung der Sequenzregel angegeben werden. Bei C-2 wird zwischen den Sequenzen S („a"), C(CCC) („b") und C(CCH) („c"), bei C-3 zwischen C(SCH) („a"), C(OON) („b") und C(NHH) („c") unterschieden. Da der leichteste Substituent bei beiden Atomen (H = „d") hinter die Papierebene ragt, ist Einblick in die Trichter gegeben und der Bogen wird von „a" über „b" nach „c" gezogen. Daraus resultieren für C-2 eine R- und für C-3 eine S-Konfiguration.

(2R,3S)-2,3-Dihydro-3-[(4-methyl-1-piperazinyl)methyl]-2-phenyl-
1,5-benzothiazepin-4(5H)-on

Die Wiedergabe der sterisch korrekten Anordnung der Substituenten an einem asymmetrischen C-Atom kann am einfachsten in der Weise erfolgen, daß mit Ausnahme des leichtesten Substituenten (hier Wasserstoff) alle Reste eingezeichnet werden, die Sequenz von „a–c" festgelegt wird und je nach angegebener Konfiguration der Bogen im (R) oder gegen den Uhrzeigersinn (S) gezogen wird. Je nachdem, ob der Bogen von „a" über „b" nach „c" oder umgekehrt verläuft, muß der leichteste Substituent hinter oder vor die Papierebene ragen.

Übungen zu Kapitel 11

Übung 35: Mineralcorticoid

Die Besonderheit an diesem Pregnanderivat ist die Aldehydfunktion an C-18. Da in der Rangordnung der Suffixe (s. Kap. 4.1.1.2) Aldehyde vor Ketonen zu reihen sind, wird die Verbindung als Pregnen-18-al bezeichnet. Damit müssen die beiden Ketofunktionen an C-3 und C-20 als Präfixe genannt werden. Da das C-5 an einer Doppelbindung beteiligt ist, besitzt es keinen asymmetrischen Charakter. Die räumliche Stellung der Hydroxygruppe an C-11 ist anzugeben.

11β,21-Dihydroxy-3,20-dioxopregn-4-en-18-al

Bei der Erstellung der Formel des Steroids sollte unbedingt auf die exakte und richtige sterische Zeichenweise geachtet werden.

Übung 36: Glucocorticoid

Das vorliegende Pregnadien ist an den Positionen 16 und 17 mit dem bivalenten Isopropylidendioxyrest (zusammengesetzt aus einem zentralen Isopropylidenteil und zwei Oxyresten) überbrückt. Die weiteren Nomenklaturelemente werden nach den Regeln der substitutiven Nomenklatur eingesetzt. Prinzipiell sind auch hier die nötigen sterischen Angaben (6α, 11β und 16α) zu machen.

9,11β-Dichlor-6α,21-difluor-16α,17-isopropylidendioxy-1,4-pregnadien-3,20-dion

Auf korrekte zeichnerische Wiedergabe der sterischen Besonderheiten ist zu achten.

Übung 37: Aglycon eines herzwirksamen Glycosids

Das zugrundeliegende Steroidgerüst Bufanolid ist dreifach ungesättigt (-trien). Es sei ausdrücklich darauf verwiesen, daß der sechsgliedrige Lactonring das Suffix darstellt, das mit der Endung -olid bezeichnet wird.

3β,14-Dihydroxy-14β-bufa-4,20,22-trienolid

Bei der Darstellung der Formel ist besonders auf die cis-Verknüpfung der Ringe C/D (daher 14β) zu achten.

Übung zu Kapitel 12

Übung 38: Luteolyticum

Die zur Gruppe der Prostaglandine zählende Verbindung kann sowohl unter Zuhilfenahme des Trivialnamens Prostan als auch substitutiv oder konjunktiv nomenkliert werden. Ausgehend von Prostan wird die Substanz als Prostatrien-1-säuremethylester bezeichnet, dessen Hydroxygruppen am Ring α-ständig sind. Die Konfigurationen der Doppelbindung 13/14 und des C-15 müssen mit Hilfe der Sequenzregel bestimmt werden. Substitutiv liegt ein 4,5-Heptadiensäuremethylester vor, der an C-7 den subsubstituierten Cyclopentylrest trägt. Bei der konjunktiven Nomenklatur wird als Grundkörper der Cyclopentan-γ,δ-heptadiensäuremethylester gewählt, der an den Positionen 2, 3 und 5 (Nummern bedeuten Locanten im Ring) die entsprechenden Substituenten trägt. Nachteilig bei den beiden letztgenannten Nomenklaturen erweist sich die Tatsache, daß für sämtliche asymmetrische C-Atome (auch für die C-Atome 8 und 12 des Prostans) die Absolutkonfiguration bestimmt werden muß. Die Locanten der Prostannomenklatur ändern sich natürlich durch die systematische Bezeichnung.

> t: (9α,11α,13E,15R)-9,11,15-Trihydroxy-15-methyl-4,5,13-prostatrien-
> 1-säuremethylester
>
> s: 7-[(1R,2R,3R,5S)-3,5-Dihydroxy-2-[(1E,3R)-3-hydroxy-3-methyl-1-octenyl]-
> cyclopentyl]-4,5-heptadiensäuremethylester
>
> k: (1R,2R,3R,5S)-3,5-Dihydroxy-2-[(1E,3R)-3-hydroxy-3-methyl-1-octenyl]-
> cyclopentan-γ,δ-heptadiensäuremethylester

Hier soll nur kurz auf die Erstellung der Formel aus der ersten Nomenklatur eingegangen werden. Besonders zu achten ist auf die Wiedergabe der sterischen Gegebenheiten, insbesondere auf die Tatsache, daß die Heptankette α-ständig und die Octankette β-ständig angeordnet sind. Weiters ist zu bemerken, daß die kumulierten Doppelbindungen auf Grund des sp-Hybridcharakters des mittleren C-Atoms planar-digonal mit einem Bindungswinkel von 180° angeordnet sind.

Literatur

1. a) International Union of Pure and Applied Chemistry (1969) Nomenclature of Organic Chemistry, Sections A, B, C. Butterworths, London
    b) International Union of Pure and Applied Chemistry (1979) Nomenclature of Organic Chemistry, Sections A, B, C, D, E, F and H. Pergamon Press, Oxford
2. Deutscher Zentralausschuß für Chemie, Internationale Regeln für die chemische Nomenklatur und Terminologie, Bd I, Regeln für die Nomenklatur der organischen Chemie, Abschnitte A und B (1975), 2. Nachdruck (1987); Abschnitt C (1990); Abschnitt F (1978). Verlag Chemie, Weinheim
3. International Union of Pure and Applied Chemistry (1997) Nomenklatur der Organischen Chemie: eine Einführung. Verlag Chemie, Weinheim
4. Fresenius P, Görlitzer K (1991) Organisch-chemische Nomenklatur: Grundlagen, Regeln, Beispiele, 3. Aufl. Wissenschaftliche Verlagsgesellschaft, Stuttgart
5. Negwer M (1987) Organic-chemical drugs and their synonyms, I und II. Akademie-Verlag, Berlin

Isophthaloyl-   78
Isophthalsäure   78
Isopren   6
Isopropenyl-   6
Isopropyl-   6
Isothiazol   38
Isovaleriansäure   77
Isovaleryl-   77
Isoxazol   38

K
-keton   14
Kohlenwasserstoffbrücken   30
Kohlenwasserstoffe
   acyclische   3
   anellierte   21
   monocyclische   7
Korksäure   77

L
Lactoyl-   78
Laurinsäure   77
Lauroyl-   77
Leucin   80
Leucyl-   80
Lysin   80
Lysyl-   80

M
Maleinsäure   78
Maleoyl-   78
Malonaldehyd   82
Malonsäure   77
Malonyl-   77
Maloyl-   78
Mandeloyl-   79
Mandelsäure   79
mankud   21
Menthol   83
Mercapto-   12
Mesityl-   8
Mesitylen   8
Mesyl-   81
Methacryloyl-   78
Methacrylsäure   78
Methano-   30
Methansulfonsäure   81
Methionin   80
Methionyl-   80

Methylen-   19
Methylendioxy-   19
Milchsäure   78
Morpholin   40
Myristinsäure   77
Myristoyl-   77

N
Namenskonstruktion   12
Namensstamm   3
Naphthacen   22
Naphthalin   21
Naphtho-   22
Naphthol   83
Naphthyl-   28, 29
Naphthyliden-   29
Naphthyridin   37
Neopentan   6
Neopentyl-   6
Nicotinaldehyd   81
Nicotinoyl-   78
Nicotinsäure   78
-nitril   12
Nitrilo-   19
Nitro-   10
Nitroso-   11
Nomenklatur
   additive   15
   konjunktive   17
   radikofunktionelle   14
   stereochemische   64
   substitutive   10
   subtraktive   16
Nor-   7, 16, 73

O
-ol   12
Oleoyl-   78
Ölsäure   78
-on   12
-onoxim   12
-oylhalogenid   11
Orientierung   24, 43
Ornithin   80
Ornithyl-   80
Oxa-   18
Oxalaceto-   79
Oxalacetyl-   79
Oxalessigsäure   79

SpringerMedicine

Gerhard Nahler

Dictionary of Pharmaceutical Medicine

Foreword by Gerhart Hitzenberger
1994. IX, 177 pages.
Soft cover DM 39,–, öS 275,–
ISBN 3-211-82557-6

This dictionary is aimed primarily at the beginners entering the new discipline of Pharmaceutical Medicine, an area comprising aspects of toxicology, pharmacology, pharmaceutics, epidemiology, statistics, drug regulatory and legal affairs, medicine and marketing. But also more experienced colleagues in departments engaged in clinical development as well as researchers and marketing experts in the pharmaceutical industry will find concise and up-to-date information. The book is completed by a list of a about 1000 abbreviations encountered in pharmaceutical medicine and a compilation of important addresses of national and international health authorities.

Gerald Pöch

Combined Effects of Drugs and Toxic Agents

Modern Evaluation in Theory and Practice

1993. 53 figures. XI, 167 pages.
Soft cover DM 71,–, öS 497,–
ISBN 3-211-82434-0

This book represents a modern, theoretical and practical guide for all scientists dealing with this controversial and complex area of the action and interaction of drugs and chemicals.

A new, straightforward mechanistically based analysis of observed combination effects is backed up by numerous examples as well as by computer-assisted plotting and curve fitting – using popular graphical software systems. The reader thus can gain not only a modern understanding of this complex area but proceed directly to the evaluation of his own dose-response experiments with respect to independent actions, and additive interactions, where appropriate. The meanings of terms and acronyms in the literature, most of them used in this book also, are elucidated by a comprehensive glossary.

SpringerWienNewYork

Sachsenplatz 4-6, P.O.Box 89, A-1201 Wien, Fax +43-1-330 24 26
e-mail: order@springer.at, Internet: http://www.springer.at
New York, NY 10010, 175 Fifth Avenue • D-14197 Berlin, Heidelberger Platz 3
Tokyo 113, 3-13, Hongo 3-chome, Bunkyo-ku